FORSCHUNGSBERICHTE DES LANDES NORDRHEIN-WESTFALEN

Nr. 1500

Herausgegeben

im Auftrage des Ministerpräsidenten Dr. Franz Meyers

von Staatssekretär Professor Dr. h. c. Dr. E. h. Leo Brandt

DK 533.9

Dipl.-Phys. Johannes Kanne

Institut für Theoretische Physik der Universität Bonn

Stromdurchgang durch ein Verbrennungsplasma

WESTDEUTSCHER VERLAG · KÖLN UND OPLADEN 1965

ISBN 978-3-663-03166-6   ISBN 978-3-663-04355-3 (eBook)
DOI 10.1007/978-3-663-04355-3

Verlags-Nr. 011500

Gesamtherstellung: Westdeutscher Verlag ·

Inhalt

A. Einleitung 9

B. Überblick über den MPD-Generator 10

   1. Das Magnetfeld 10
   2. Die Strömungsgrenzschichten 12
   3. Der Ionisationsprozeß im Verbrennungsplasma 12
   4. Die allgemeinen Gleichungen 15

C. Berechnung des Stromdurchgangs 16

   1. Das Plasmagebiet 16
   2. Das Übergangsgebiet 16
   3. Das Raumladungsgebiet 18
      a) Die Feldstärke 20
      b) Die Schichtdicke 21
      c) Das Potential 22

D. Experimentelle Ergebnisse 24

   1. Experimentelle Anordnung 24
   2. Der Potentialverlauf $U = U(x)$ 24
   3. Die Raumladungsschichtdicke $d = d(j)$ 25
   4. Die Strom-Spannungs-Charakteristik $U = U(j)$ 26
   5. Der Ionenstrom aus dem Plasmakern 26
   6. Die Driftfeldstärke $E = E(j)$ im Kern 26
   7. Die Trägerdichte im Kern 28

E. Diskussion 29

F. Literaturverzeichnis 31

Abkürzungen

$$a \quad = \sigma n \varepsilon_0$$
$$A \quad = \sigma n/K$$

b   Beweglichkeit
B   Magnetfeld
d   Dicke der elektrischen Grenzschicht
D   Elektrodenabstand
$D_\pm$ Diffusionskoeffizient
D_{am} ambipolarer Diffusionskoeffizient
e   Elementarladung
E   elektrische Feldstärke

$$F \quad = E + vB$$

i_∞ Ionensättigungsstrom
j   Stromdichte
J_+ in die Raumladungsschicht eindiffundierender Ionenstrom
J_- Elektronenemissionsstrom der Kathode

$$J \quad = j - J_+ - J_-$$
$$K \quad = b/\sqrt{|F|}$$
$$\frac{1}{K} = \frac{1}{K_+} + \frac{1}{K_-}$$

n   Ladungsträgerdichte
U   Potential
v   Strömungsgeschwindigkeit (im Kern $= v_0$)
x   Koordinate $\perp$ Elektroden
y   Koordinate $||$ Strömung
z   Koordinate $||$ Magnetfeld

δ Dicke der Strömungsgrenzschicht
Δ Ladungsträgererzeugungsüberschuß
ε_0 Dielektrizitätskonstante
μ_0 Induktionskonstante
ν Ionisationsrate
φ elektrische Feldstärke
σ Rekombinationskoeffizient

A. Einleitung

Bei der Durchrechnung von Problemen des magnetoplasmadynamischen (MPD) Generators nimmt man gewöhnlich an, das Plasma besitze eine einheitliche Leitfähigkeit, die man etwa gleich $e\, n_- b_-$ setzt und dann aus der Kenntnis der mittleren Elektronendichte n_- und der Elektronenbeweglichkeit b_- berechnet [1].

Diese Annahme muß jedoch zu völlig falschen Ergebnissen führen. Zwar dürfte die Leitfähigkeit im Plasmainnern homogen und recht hoch sein, man muß aber vermuten, daß die an die Elektroden grenzenden Schichten für den Innenwiderstand eine besondere Bedeutung besitzen.

Da die Generatorplatten sicher gekühlt werden müssen, besitzt das strömende Gas an den Elektroden neben einer Geschwindigkeitsgrenzschicht auch eine Temperatur- und damit eine Leitfähigkeitsgrenzschicht, so daß hier der Widerstand ansteigen muß.

Und wenn die Kathode[1] keine Elektronen emittiert, müssen irgendwo im Plasma Ladungsträgerquellen auftreten. Diese werden wegen der sehr hohen Beweglichkeit der Elektronen hauptsächlich an der Kathode liegen. Man denke nur an die Trägerverarmung in einem Elektrolyten mit Ionenarten verschiedener Beweglichkeit. In einem stationären Plasma müssen nun an solchen Verarmungsstellen Nachlieferungsprozesse auftreten, und diese Ladungsträgerdivergenzen haben einen starken Einfluß auf den Potentialverlauf im Plasma.

Die folgende Rechnung und Messung wird nun zeigen, daß tatsächlich nahezu der gesamte Innenwiderstand in der Grenzschicht liegt und daß dies im wesentlichen eine Folge der Ladungsträgerdivergenz ist.

---

[1] Als Kathode (= Hinabweg des positiven Stromes) bezeichnen wir dem Wortsinn gemäß die Elektrode, zu der der positive Strom fließt, was im Generator die Pluselektrode ist.

B. Überblick über den MPD-Generator

1. Das Magnetfeld

Ein MPD-Generator besteht im Prinzip aus folgender Anordnung: Ein heißes Plasma strömt durch einen Kanal zwischen zwei ebenen Elektroden hindurch. Parallel zu den Elektroden und senkrecht zur Gasströmung liegt ein Magnetfeld B (Abb. 1). Dieses Magnetfeld bewirkt dreierlei:

1. Die positiven Ionen des Plasmas werden infolge der Lorentzkraft in Richtung $\vec{v} \times \vec{B}$ abgelenkt, die Elektronen in entgegengesetzter Richtung. Die Elektroden werden also aufgeladen, und wenn man sie leitend verbindet, fließt ein Strom durch diesen Stromkreis. Diese Methode der Stromerzeugung wird in dieser Arbeit untersucht. Man könnte sie als »*Lorentzgenerator*« bezeichnen.

2. Da die Elektronen stärker als die Ionen abgelenkt werden, tritt eine weitere Kraft – die sogenannte Hallkraft – in negativer y-Richtung auf, die einen »*Hallgenerator*« ermöglichen würde. Da aber das Verhältnis Hallkraft : Lorentzkraft $= b_- B$ ist, ist die Hallkraft bei mäßigen Magnetfeldern vernachlässigbar. Bei segmentierten Elektroden wird sie sogar durch elektrische Gegenfelder kompensiert.

3. Ferner bewirkt das Magnetfeld eine Verminderung von Drift und Diffusion. Diese Einflüsse sind jedoch von noch kleinerer Ordnung als $b_- B$ und können bei mäßigen Magnetfeldern erst recht vernachlässigt werden.

Als wesentliche Wirkung bleibt somit die Lorentzkraft über, die in allen Kraftgleichungen durch eine effektive Feldstärke $\vec{F} = \vec{E} + \vec{v} \times \vec{B}$ berücksichtigt werden muß, wo E die übliche elektrische Feldstärke ist.

$$\vec{E} = \vec{E}_{\mathrm{div}} + \vec{E}_{\mathrm{rot}} + \vec{E}_{\mathrm{a}} \tag{1}$$

wobei

$$\mathrm{div}\, \vec{E}_{\mathrm{div}} = (n_+ - n_-)\, e/\varepsilon_0$$

$$\mathrm{rot}\, \vec{E}_{\mathrm{rot}} = -\vec{\dot{B}} = 0, \text{ da es ein stationäres Problem ist}$$

$$\vec{E}_{\mathrm{a}} = \text{durch Batterie hervorgerufene Feldstärke} = \mathrm{konst.}$$

so daß

$$\vec{F} = \vec{E}_{\mathrm{div}} + \vec{E}_{\mathrm{a}} + \vec{v} \times \vec{B} \tag{2}$$

Für das Magnetfeld gilt nun

$$\operatorname{div} \vec{B} = 0 \tag{3}$$

$$\operatorname{rot} \vec{B} = \mu_0 \vec{j} \tag{4}$$

Man kann erreichen, daß die ganze Anordnung von z unabhängig ist und daß das Magnetfeld nur eine z-Komponente besitzt. Diese z-Komponente B_z kann jedoch nur im stromlosen Plasma exakt homogen sein. Fließt ein Strom, gilt

$$\frac{\partial B_z}{\partial y} = + \mu_0 j_x \tag{5}$$

$$\frac{\partial B_z}{\partial x} = - \mu_0 j_y \tag{6}$$

j_x ist gewiß ungleich 0. Auch j_y kann man nicht zum Verschwinden bringen. Denn das gesamte Plasma strömt in y-Richtung, so daß in den Grenzschichten, in denen nicht Quasineutralität herrscht, ein Strom fließt[2]. Praktisch erreicht man aber nur solche Stromstärken, daß

$$\frac{\Delta B}{B} = \frac{D \, |\operatorname{grad} B_z|}{B} = \frac{D \, \mu_0 \, |j|}{B} \ll 1 \tag{7}$$

wobei D der Durchmesser des untersuchten Generators sein soll. Mit D = 10 cm und B = 10 kGs hieße das $j \ll 10^7$ A/m².

Man kann also in diesem Strombereich mit einem homogenen Magnetfeld rechnen. Da nun auch $\vec{v}$, abgesehen von einer kleinen Grenzschicht (s. B 2), über dem Kanalquerschnitt konstant ist, ist also $\vec{v} \times \vec{B}$ in Gl. (2) im wesentlichen einem von außen angelegten Feld $\vec{E}_a$ gleichwertig. Deshalb konnte die Lorentzkraft im Versuch ersetzt werden durch ein mittels Batterie erzeugtes äußeres Feld, ohne daß die Versuchsanordnung eine wesentliche Abweichung vom berechneten Modell aufwies.

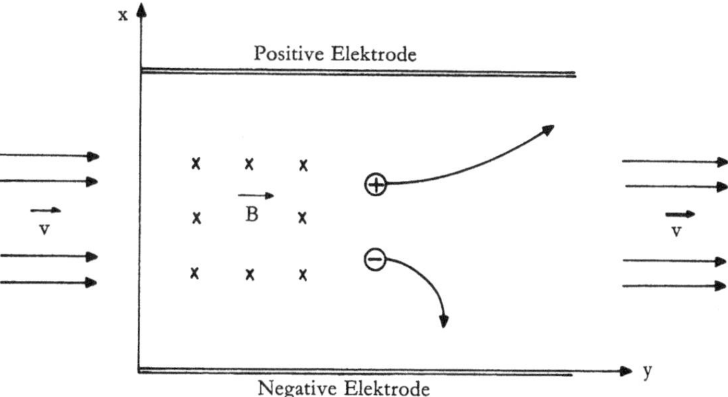

Abb. 1   Prinzipbild eines MPD-Generators

---

[2] Allerdings ist das Integral über den y-Strom $\int j_y \, dx \, dz$ gleich null, da die Elektroden segmentiert sein sollen und somit in y-Richtung kein geschlossener Stromkreis zustande kommt. Es bildet sich ein elektrisches Gegenfeld aus, das die Hallkraft kompensiert.

2. Die Strömungsgrenzschichten

Das in den Kanal einströmende Plasma wird sehr intensiv durchwirbelt, so daß
ein weitgehender Geschwindigkeits- und Temperaturausgleich über den ganzen
Querschnitt eintritt. Im Bereich des Versuchskanals von ca. 20 cm liegt also eine
Kernströmung mit konstanter Geschwindigkeit und Temperatur und eine sehr
dünne Grenzschichtströmung vor. Infolge der geringen Zähigkeit stellt sich das
Parabelprofil von Geschwindigkeit und Temperatur erst nach einer langen Weg-
strecke von ca. 200 cm ein.

Das Profil der *Geschwindigkeitsgrenzschicht* kann in guter Näherung linear angesetzt
werden. Für die Dicke δ dieser Schicht gilt, solange sie klein gegen die Quer-
abmessungen des Kanals bleibt [2],

$$\delta = 5 \, y \, / \, \text{Reynoldszahl} \tag{8}$$

Wenn die Wände gekühlt werden, stellt sich neben der Geschwindigkeits- auch
eine *Temperaturgrenzschicht* ein. Bei Stoffen, deren Prandtlzahl $= 1$ ist, und dazu
gehören alle Gase, sind Profil und Dicke beider Grenzschichten ungefähr gleich
[2].

Würde man nun annehmen, daß die Ladungsträgerdichte in jedem Punkt der
Sahagleichung gehorcht, würde die Temperaturgrenzschicht eine *Trägerdichte-
grenzschicht* zur Folge haben. Doch ist es eine unzulässige Vereinfachung, die
Trägerdichte lediglich als Funktion der Temperatur anzusetzen, ohne auch den
Temperaturverlauf in der Umgebung zu berücksichtigen. Im allgemeinen wird
die Trägerdichte durch Diffusionsaustausch mit den Nachbargebieten beeinflußt,
ebenfalls die Konzentration angeregter Zustände und damit die Ionisierungs-
wahrscheinlichkeit [3]. Dieser Vorgang ist schwer zu erfassen. Man wird aber den
Sachverhalt gar nicht schlecht beschreiben, wenn man zunächst einmal für die
Ladungsträgerdichte einen Mittelwert annimmt.

3. Der Ionisationsprozeß im Verbrennungsplasma

In der Reaktionszone von Flammen beobachtet man fast immer eine wesentlich
höhere Ionisation, als man sie bei Annahme von thermischem Gleichgewicht erwarten sollte. Der Unterschied beträgt viele Zehnerpotenzen, daß man ihn nicht
gut aus dem Vorhandensein von Stoffen mit niedriger Ionisationsenergie erklären kann. Ferner mißt man auch eine anomal hohe Elektronenanregung der
Atome und Moleküle (Chemolumineszenz). Und da Elektronenanregung und
Ionisation physikalisch gleichartige Prozesse sind, darf man schließen, daß auch
die Ionisation anomal ist [4].

Diese Tatsache ist gar nicht so verwunderlich. Im Verbrennungsprozeß besteht
wie bei jedem Prozeß selbstverständlich kein Gleichgewicht, er ist nicht einmal
ein Prozeß, bei dem Gleichgewichtsnähe erwartet werden darf. Die Analyse eines
solchen Verbrennungsprozesses gibt eine gewisse Erklärung für die beobachtete
Anomalität. Er verläuft in folgenden Abschnitten:

12

1. Gelegentliche Zusammenstöße schneller Reaktionspartner führen zur Reaktion und liefern Teilchen hoher kinetischer Energie, die an die übrigen abgegeben wird, so daß sie die Aktivierungsenergie erreichen.

2. Jetzt können die schweren Teilchen reagieren. Durch schnelle Prozesse stellt sich ein Quasigleichgewicht ein, in welchem auf Kosten der kinetischen Energie der schweren Bestandteile zu viele Elektronen, Ionen, Radikale und Dissoziationsprodukte vorhanden sind. Die kinetische Temperatur ist zu niedrig. Man kann sich das so veranschaulichen:

Die beiden reagierenden Moleküle A_2 und B_2 können während des Zusammenstoßes als ein neues (instabiles) Molekül angesehen werden. Die Potentialflächen dieses »Stoßpaares« sind Hyperflächen in einem 3 N–4 dimensionalen Raum, wenn N die Zahl der Reaktionspartner ist [5]. Wir können das Wesentliche aber schon mit der zweidimensionalen Abb. 2 verstehen, wo die Abszisse der für die betreffende Kurve charakteristische Molekülabstand ist. Entscheidend ist nur, daß es auf der Potentialfläche Punkte gibt, von denen aus strahlungslose Übergänge in andere Molekülkonfigurationen möglich sind. Daß es solche »Schnittpunkte« (oder auf den Hyperflächen »Sattelpunkte«) bei unserer Reaktion tatsächlich gibt, ergibt sich aus der starken Reaktion des Gasgemisches, was nur durch solche strahlungslosen Übergänge zu erklären ist. Wenn die Moleküle A_2 und B_2 mit der nötigen Aktivationsenergie U_{akt} so zusammenstoßen, daß sie einen solchen »Schnittpunkt« erreichen, werden sie mit gewisser Wahrscheinlichkeit über die andere Potentialfläche weiterlaufen.

Gibt es nun mehrere Möglichkeiten wie in Abb. 2, so ist die Wahrscheinlichkeit eines Überganges umgekehrt proportional zu der dabei frei werdenden Energie (Landau-Teller-Prinzip).

Zunächst ist also der Zustand 2 gegenüber 3 und 4 bevorzugt. Wir müssen daher erwarten, daß bei der Verbrennungsreaktion primär eine besonders hohe Anzahl ionisierter Teilchen erzeugt wird.

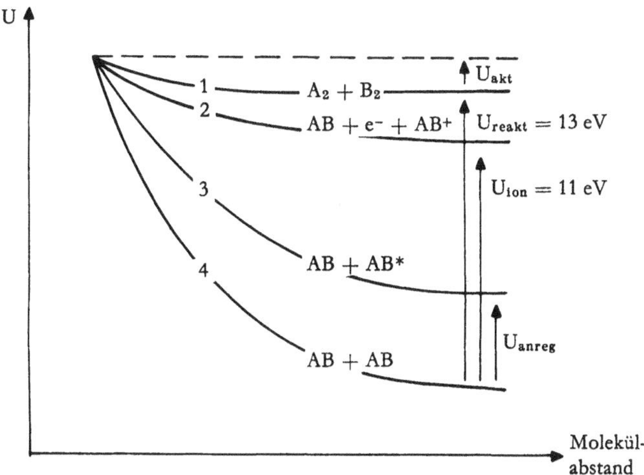

Abb. 2 Potentialflächen eines Stoßpaares bei einem Oxydationsprozeß

3. Ohne Energieverlust nach außen stellt sich allmählich durch die langsamen Prozesse der Rekombination, Löschung der Anregung und Nachreaktionen das wirkliche thermische Gleichgewicht ein, bei dem die ursprünglichen Moleküle zum Teil zurückgebildet werden. Bei Energieverlust nach außen, oder wenn Energie durch Ausströmen in Translationsenergie umgesetzt wird, vollzieht sich eine Nachverbrennung, die das thermodynamische Gleichgewicht entsprechend der Abnahme der Temperatur verschiebt, wobei die Verbrennung erst vollständig wird.

Es liegt also im Interesse eines hohen Generatorwirkungsgrades, die Energie abzuziehen, noch bevor das dritte Stadium der Verbrennungsenergie erreicht ist. Das bringt zwei Vorteile:

1. Man umgeht sozusagen den Carnotprozeß. Wenn man die Reaktionsenergie erst auf dem Umweg über eine Wärmekraftmaschine ausnutzt, erzielt man im besten Fall den Carnot-Wirkungsgrad. Man kann Wärme niemals ganz in Arbeit überführen. Hier aber würde die Reaktionsenergie unmittelbar in Arbeit umgesetzt werden, und das würde eine ganz ähnliche Verbesserung der Energieumwandlung bedeuten, wie das bei den Brennstoffelementen der Fall ist.

2. Man kann dann vielleicht das »Salzen« des Verbrennungsgases mit Alkalien vermeiden und damit die großen technischen Schwierigkeiten, die die Korrosion durch diese Salze im Generator hervorbringt.

Für die Trägerbilanz, die wir in unserer Rechnung aufstellen müssen, folgt nun, daß die Trägererzeugung nicht wie in der Glimmentladung durch Elektronen erfolgt, die im elektrischen Feld »aufgeheizt« wurden, sondern durch den Verbrennungsprozeß. Somit ist die Produktionsrate ν von Ladungsträgern weniger abhängig von der Elektronendichte n_- als von der Gasdichte, so daß wir das Wesentliche durch den Ansatz $\nu = \text{konst.}$ erfassen. Umgekehrt muß man dann aber auch als dritten Partner bei der Rekombination Neutralteilchen annehmen, da die Wahrscheinlichkeit von Prozeß und Gegenprozeß gleich ist.

Auch außerhalb der Reaktionszone bleibt dieser Ansatz gültig. Zwar ist die Ionisierungswahrscheinlichkeit der Elektron-Molekülstöße wesentlich größer als die der Molekül–Molekülstöße. Dem wirkt jedoch – anders als in der Glimmentladung – folgendes entgegen:

1. Die relativ geringe Zahl der Elektronen $(1:10^7)$;

2. die geringe Temperatur der Elektronen, die sicher nicht über die Gastemperatur hinauskommt;

3. die große Zahl der angeregten Moleküle, so daß bei Molekül–Molekülstößen nicht nur kinetische Energie, sondern vor allem die Anregungsenergie zur Ionisation verbraucht werden kann.

14

4. Die allgemeinen Gleichungen

Wir betrachten nun stationäre Vorgänge im Verbrennungsplasma. Das Wesentliche wird getroffen, wenn wir bei den *hydrodynamischen Gleichungen*, die die Strömung des Gases beschreiben[3], die *Energiebilanz* annähern durch

$$T = \text{konst.} \tag{9}$$

und die *Impulsbilanz* durch

$$p = \text{konst.} \tag{10}$$

so daß die *Zustandsgleichung* zu

$$\rho = M\,\frac{p}{kT} = \text{konst.} \tag{11}$$

und die *Massenbildung* zu

$$\operatorname{div} \vec{v} = 0 \tag{12}$$

wird, woraus folgt, daß v keine y-Abhängigkeit besitzt. Diese Annahmen lassen sich sicher über den kleinen Bereich der Elektrode realisieren.
Weiterhin stellte sich heraus, daß man bei den
elektrodynamischen Gleichungen
die *Maxwellschen Gleichungen* für das Magnetfeld (3) und (4) ersetzen kann durch

$$\vec{B} = \text{konst.} \tag{13}$$

Die Gleichungen für das elektrische Feld

$$\operatorname{div} \vec{E} = e\,(n_+ - n_-)\,/\,\varepsilon_0 \tag{14}$$

$$\operatorname{rot} \vec{E} = 0 \quad \text{bzw.} \quad \vec{E} = -\operatorname{grad} U \tag{15}$$

und die *Stromgleichungen*

$$\vec{j}_\pm = e\,n_\pm\,b_\pm\,\vec{F} \mp e\,D_\pm\,\operatorname{grad} n_\pm \tag{16}$$

$$\operatorname{div} \vec{j}_\pm = \pm\,e\,\Delta \tag{17}$$

müssen nun im folgenden für ein ebenes und stationäres Problem gelöst werden. Das Koordinatensystem ist in Abb. 3 angegeben.

---

[3] Hier bedeutet: p Druck M Molekülmasse
T Temperatur ρ Massendichte

C. Berechnung des Stromdurchgangs

1. Das Plasmagebiet

Den Kern des Gasstrahles bildet das eigentliche homogene Plasma, das im wesentlichen feldfrei und quasineutral ist. Der Stromtransport erfolgt in diesem Gebiet durch Drift.

Die Stromtransportgleichung (16) lautet hier

$$j = e\,n\,(b_+ + b_-)\,F \tag{18}$$

Da die Elektronen sehr zahlreich und schnell beweglich sind, ist also ein entsprechend geringes Feld F zum Stromtransport erforderlich.

2. Das Übergangsgebiet

Es ist eine bekannte Erscheinung, daß sich ein Plasma nie bis zu den Wänden und Elektroden erstreckt. Vor der Kathode z. B. werden die Elektronen weggezogen, und da die Kathode keine Elektronen emittiert, tritt eine Elektronenverarmung auf. Es bildet sich ein Übergangsgebiet aus, und man wird vermuten, daß der Stromtransport hier zunächst wie im Glimmlicht durch ambipolare Diffusion erfolgt. Wir müssen also untersuchen, was dieser Mechanismus leisten kann. Dazu schreiben wir die allgemeinen Gleichungen auf diesen Fall um.

Die *Raumladungsgleichung* (14) kann man auch hier noch durch die Forderung der Quasineutralität ersetzen

$$n_+ = n_- = n \tag{19}$$

Die *Kontinuitätsgleichung* (17) lautet

$$j_+ + j_- = j = \text{konst.} \tag{20}$$

Für die *Stromtransportgleichungen* (16) muß man hier schreiben

$$j_\pm = e\,n\,b_\pm\,F \mp e\,D_\pm\,n' \tag{21}$$

In der *Bilanzgleichung* (17) können wir schreiben

$$\Delta = \nu - \sigma n^2 - \frac{d}{dy}\,n\,v \tag{22}$$

wobei

ν die thermische Trägererzeugung durch Stöße zwischen Neutralteilchen,

σn^2 die Rekombination mit einem Neutralteilchen als drittem Partner und

$\dfrac{d}{dy} n \nu$ der Verlust an die y-Strömung des Plasmas ist.

Man kann annehmen, daß ν konstant gleich ν_0 ist und daß der Verlust proportional zu $n \nu_0$ ist, d. h.

$$\frac{d}{dy} n \nu = - V n \nu_0 \qquad V = \text{konst.} \ll 1 \tag{23}$$

Δ ist der Überschuß an erzeugten Ladungsträgern, der durch Diffusion zur Wand verlorengeht. Fließt kein Strom j, ist diese Fluktuation Δ sehr klein gegenüber der Produktion ν und der Rekombination σn^2, da wir – anders als im entsprechenden Fall der rekombinationsfreien positiven Säule – etwa 10^7 freie Weglängen von der Wand entfernt sind und die Rekombination der Hauptverlustprozeß ist. Fließt ein Strom j, so können sich im Rahmen unseres quasineutralen Modells die Verhältnisse nicht wesentlich ändern, so daß wir

$$\nu - \sigma n^2 = \Sigma \sigma n^2 \qquad \Sigma = \text{konst.} \ll 1 \tag{24}$$

ansetzen können und erhalten

$$\frac{j'_+}{e} = \Delta = \Sigma \sigma n^2 + V \nu_0 n \tag{25}$$

Zur Auswertung eliminieren wir F aus (21) und erhalten

$$j_+ = j \frac{b_+}{b_+ + b_-} - e D_{am} n' \tag{26}$$

Differenzieren und Einsetzen in (25) ergibt

$$j'_+ = e \{ \Sigma \sigma n^2 + V \nu_0 n \} = - e D_{am} n'' \tag{27}$$

oder

$$\frac{d}{dn} (- D_{am} n')^2 = 2 D_{am} \{ \Sigma \sigma n^2 + V \nu_0 n \} \tag{28}$$

Durch Integration erhalten wir

$$(- D_{am} n')^2 = 2 D_{am} \left\{ \frac{\Sigma \sigma}{3} (n_0^3 - n^3) + \frac{V \nu_0}{2} (n_0^2 - n^2) \right\} \tag{29}$$

Da die Dichte im Kern n_0 größer ist als die Dichte im übrigen Gebiet n ist, gilt sicher

$$j_+ \leqq \frac{b_+}{b_-} j + e \sqrt{2 n_0 D_{am} \left\{ \frac{\Sigma}{3} \sigma n_0^2 + \frac{V}{2} \nu_0 n_0 \right\}} \tag{30}$$

17

Die Unkenntnis von Σ und V macht diese Gleichung etwas bedeutungslos. Unter Vorgriff auf die Zahlwerte, die für die experimentelle Anordnung zutreffen (s. D. 3), können wir jedoch zwei Aussagen machen.

Einmal erhalten wir

$$\left\{ \frac{\Sigma}{3}\, \sigma\, n_0^2 + \frac{V}{2}\, v_0\, n_0 \right\} \sim \Sigma + 10^{-5}\, V \tag{31}$$

dem wir die interessante Aussage entnehmen, daß der Prozeß Σ der ergiebigere ist. Σ kann nämlich 10^5mal kleiner sein als V, wenn beide Prozesse die gleiche Wirkung haben sollen. Man muß daraus den Schluß ziehen, daß die Energie beim MPD-Generator nicht – wie oftmals angenommen [1] – der Strömungsenergie des Plasmas entnommen wird (Prozeß V), sondern der Reaktionsenergie (Prozeß Σ). Die Strömungsgeschwindigkeit bleibt im wesentlichen konstant, während die Temperatur absinkt. Das ist ja auch beim Turbinengenerator der Fall, wo die gesamte Enthalpie umgesetzt wird.

Weiterhin erhalten wir

$$j_+ \leqq \frac{b_+}{b_-}\, j + 10 \sqrt{\Sigma + 10^{-5}\, V} \qquad [\text{A}/\text{m}^2] \tag{32}$$

Der erste Term, der den Driftanteil enthält, reicht wegen der geringen Ionenbeweglichkeit nicht für den Stromtransport aus. Da Σ und V klein gegen 1 sein müssen, wird aber auch der zweite Term, der den Diffusionsanteil enthält, nicht höher als $1\ \text{A}/\text{m}^2$ werden. Gehen wir mit dem Strom höher, muß sich also eine neue Erscheinung vor der Kathode ausbilden, ein Gebiet sehr hoher Feldstärke, das nicht mehr quasineutral ist, sondern eine hohe Raumladung trägt.

3. Das Raumladungsgebiet

Aus den elektrodynamischen Gleichungen (14) bis (17) erhalten wir für das Raumladungsgebiet

die *Potentialgleichung*

$$E = -\, U' \tag{33}$$

die *Raumladungsgleichung*

$$E' = e\, (n_+ - n_-) \,/\, \varepsilon_0 \tag{34}$$

und die *Kontinuitätsgleichung*

$$j_+ + j_- = j = \text{konst.} \tag{35}$$

Im starken Feld, wie es im Raumladungsgebiet herrscht, tritt die Diffusion der Ladungsträger in den Hintergrund und ihre Beweglichkeit

$$b = K \,/\, \sqrt{|F|} \tag{36}$$

wird feldabhängig[4]. Die *Stromtransportgleichungen* lauten daher

$$j_\pm = e\, n_\pm K_\pm \sqrt{F} \tag{37}$$

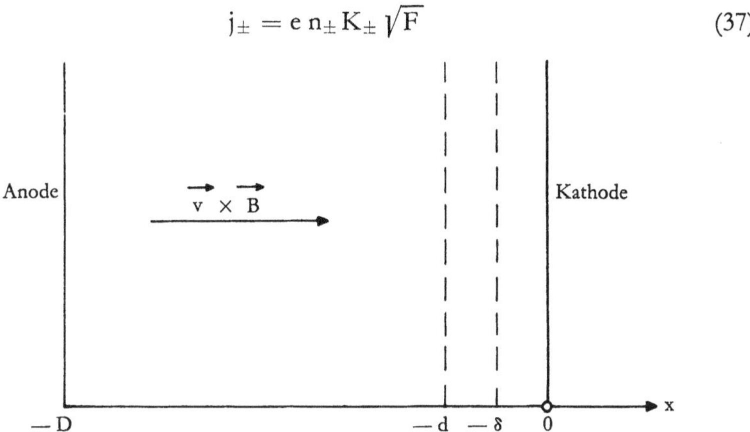

Abb. 3 Die in der Rechnung verwendete Koordinatenrichtung

Auch die *Teilchenbilanzgleichung* müssen wir gegenüber dem vorigen Kapitel modifizieren. V wollen wir gänzlich vernachlässigen. Dann kann man im wesentlichen schreiben

$$\Delta = \nu - \sigma n_+ n_- \tag{38}$$

Fließt kein Strom j (Index 0), wollen wir auch Σ vernachlässigen, so daß folgt

$$\nu = \sigma n_{+0} n_{-0} \tag{39}$$

Der Strom verändert ν und σ kaum, so daß gilt

$$\Delta = \sigma(n_{+0} n_{-0} - n_+ n_-) \tag{40}$$

Die Erwartung, daß das Plasma im stromlosen Zustand noch relativ quasineutral ist

$$n_{+0} = n_{-0} = n \tag{41}$$

und daß der Strom die Ionendichte wegen ihrer geringen Beweglichkeit kaum beeinflußt, läßt eine Vereinfachung zu

$$\Delta = \sigma(n^2 - n_+ n_-) = \sigma n(n_+ - n_-) = \sigma n \varepsilon_0 E'/e, \tag{42}$$

so daß endlich als *Teilchenbilanzgleichung* folgt

$$j'_\pm = \pm\, a\, E' \tag{43}$$

wobei $a = \sigma n \varepsilon_0$ ist. n ist an sich noch eine Funktion der Temperatur, die zur Wand hin abnimmt. Hier sei jedoch aus den in B 2 dargelegten Gründen ein Mittelwert genommen. Damit stehen hinreichend Gleichungen zur Verfügung, so daß sie ausgewertet werden können.

---

[4] Um die unangenehme Rechnung mit dem Betrag zu umgehen, haben wir das Koordinatensystem in Abb. 3 so gelegt, daß F stets positiv ist. Ebenso sind δ, d und D positive Größen, x dagegen ist negativ.

a) Die Feldstärke

Aus Gl. (34) und (37) folgt

$$E' \sqrt{F} = \frac{1}{\varepsilon_0}\left(\frac{j_+}{K_+} - \frac{j_-}{K_-}\right) \tag{44}$$

Differentiation und Verwendung von Gl. (43) ergibt

$$\frac{d}{dx} E' \sqrt{F} = \frac{1}{\varepsilon_0}\frac{j'_+}{K} = A E' \tag{45}$$

wobei $\qquad \dfrac{1}{K} = \dfrac{1}{K_+} + \dfrac{1}{K_-}$ und $A = \sigma\, n/K$ ist.

Die Integration werde bis zu einem Punkte $x = d$ erstreckt, an dem F relativ zum Integrationsgebiet klein ist[5]. Dann erhält man

$$E' \sqrt{F} = A(E - E_d) = A F_0 \tag{46}$$

wobei $E_d = - v_0 B$ die Feldstärke E an der Stelle $x = - d$ und $F_0 = E + v_0 B$ ist und v_0 die Geschwindigkeit im Kern bezeichnet. Die nochmalige Integration erfordert die Kenntnis der in F enthaltenen Lorentzkraft $v B$. Nach den Überlegungen von B1 und 2 ist sie im Plasmainneren konstant gleich $v_0 B$, während in einer dünnen Grenzschicht der Dicke δ gilt

$$v B = - v_0 B\, \frac{x}{\delta} \tag{47}$$

Damit folgt für das Gebiet $- d \leqq x \leqq - \delta$

$$F'_0 \sqrt{F_0} = A F_0 \tag{48}$$

mit der Lösung

$$F_0 = \left(\frac{A d}{2}\right)^2 \left(1 + \frac{x}{d}\right)^2 \tag{49}$$

Für das Gebiet $- \delta \leqq x \leqq 0$ erhalten wir

$$F'_0 \sqrt{F_0 - v_0 B\left(1 + \frac{x}{\delta}\right)} = A F_0 \tag{50}$$

Diese Gleichung läßt sich nicht analytisch integrieren. Aus Gl. (49) ergibt sich jedoch, daß F_0 vom Werte 0 an der Stelle $x = - d$ steil ansteigt $(Ad = 10^3 \sqrt{V/m})$, so daß $F_0 \gg v_0 B = 10^2$ V/m ist. Deshalb können wir die Wurzel entwickeln und eine Störungsrechnung mit $F_0 = F_{00} + \varphi$ versuchen.

In *nullter Näherung* ergibt sich Gl. (48), so daß die Lösung (47) in dieser Näherung in der ganzen Raumladungszone gilt.

---

[5] Da wir mit diesem Verfahren pauschal auch den Spannungsverschleiß am Übergangsgebiet erfassen, haben wir diesen in C 2 nicht berechnet.

In *erster Näherung* finden wir für $\delta < d$

$$\varphi' = \frac{A}{2\,F_{00}} \left[\varphi + v_0 B \left(1 + \frac{x}{\delta} \right) \right] \tag{51}$$

$$= \frac{\varphi}{d+x} + \frac{v_0 B}{\delta}\,\frac{\delta + x}{d+x}$$

mit der Randbedingung $\varphi = 0$ für $x = -\delta$. Dann lautet die Lösung

$$\varphi = \frac{v_0 B}{\delta} \left\{ (d - \delta) + (d + x) \left(\ln \frac{d+x}{d-\delta} - 1 \right) \right\} \tag{52}$$

Für $d = \delta$ lautet die Lösung

$$\varphi = v_0 B \left(1 + \frac{x}{d} \right) \ln \frac{1 + x/d}{v_0 B} \tag{53}$$

Es war zu erwarten, daß φ nicht von A abhängt. Denn A bestimmt den Spannungsverschleiß, während φ nur den Verlauf der Lorentzkraft korrigiert. Dieser hat aber keinen Einfluß auf den Spannungsverschleiß.

Somit ist für alle $\delta \leq d$ die nullte Näherung hinreichend, und wir erhalten für die Feldstärke

$$\boxed{\; E = -\,v_0 B + \left(\frac{Ad}{2} \right)^2 \left(1 + \frac{x}{d} \right)^2 \;} \tag{54}$$

b) Die Schichtdicke

Die Dicke d der Raumladungsschicht bestimmt sich aus der zur Aufrechterhaltung des Stromes erforderlichen Ladungsträgerdivergenz. Man kann sie also aus Gl. (43) errechnen. Einsetzen von E und Integrieren ergibt

$$j_+ = J_+ + a \left(\frac{Ad}{2} \right)^2 \left(1 + \frac{x}{d} \right)^2 \tag{55}$$

J_+ ist der aus dem Plasmakern eindiffundierende Ionenstrom. Er berücksichtigt den Anteil des heißen Plasmas an Divergenz und Stromtransport (s. C. 2).

An der Wand $x = 0$ gilt

$$j_{+0} = j - J_- = J_+ + a \left(\frac{Ad}{2} \right)^2 \tag{56}$$

J_- ist der Elektronenemissionsstrom der Kathode. Er berücksichtigt den Anteil der Kathode an Divergenz und Stromtransport.

Setzt man $j - J_+ - J_- = J$, so findet man für die Dicke der Raumladungsschicht

$$d = \frac{2}{A} \sqrt{\frac{J}{a}} \tag{57}$$

A und a berücksichtigen den Einfluß der Temperatur auf die Schichtdicke. d nimmt mit steigender Temperatur ab.

Im Unterschied zur Glimmentladung, wo das Aston'sche Gesetz $d \sim 1/\sqrt{j}$ gilt, findet man also hier $d \sim \sqrt{j}$. Während weiter in der üblichen Glimmentladung stets ein Fallraum zur Produktion der Ladungsträger erforderlich ist, kann man also hier den Kathodenfall klein machen, indem man die Temperatur erhöht, denn

1. mit der Kathodentemperatur wächst J_- durch das Ansteigen der Glühemission. Dieser Effekt ist jedoch bei den Temperaturen des Generators unbedeutend;

2. mit der Temperatur der Grenzschicht wachsen A und a;

3. mit der Kerntemperatur wächst J_+.

c) Das Potential

Das Potential ergibt sich aus Gl. (33) durch Integration. Über dem Raumladungsgebiet liegt die Spannung

$$U_d = - \int_{-d}^{0} E dx = v_0 Bd - \frac{A^2 d^3}{12} \tag{58}$$

Da über dem Kern kein beachtenswerter Spannungsverschleiß auftritt, liegt darüber die Spannung $v_0 B\,(D{-}d)$. So erhalten wir für die Gesamtspannung

$$U = v_0 BD - \frac{2}{3A} \left(\frac{J}{a}\right)^{3/2} \tag{59}$$

Es ergibt sich also, daß der Innenwiderstand U/j des Generators mit wachsendem Strom anwächst. Dieses Ergebnis steht in Einklang mit der elementaren Vorstellung eines derartigen Mechanismus. Je größer der Strom, je mehr Elektronen werden von der Kathode weggezogen und um so größer werden Raumladung, Feldstärke und Potentialabfall vor der Kathode. In der Glimmentladung dagegen findet man $U \sim j^{0,4}$, d. h., der Innenwiderstand fällt mit wachsendem Strom [7].

Vor der Anode ist der Spannungsverschleiß wegen der hohen Elektronenbeweglichkeit vernachlässigbar. Das Kontaktpotential kann als klein und auf beiden Seiten entgegengesetzt gleich ebenfalls unbeachtet bleiben.

Damit ergibt sich ein der Glimmentladung sehr ähnlicher Potentialverlauf (Abb. 4).

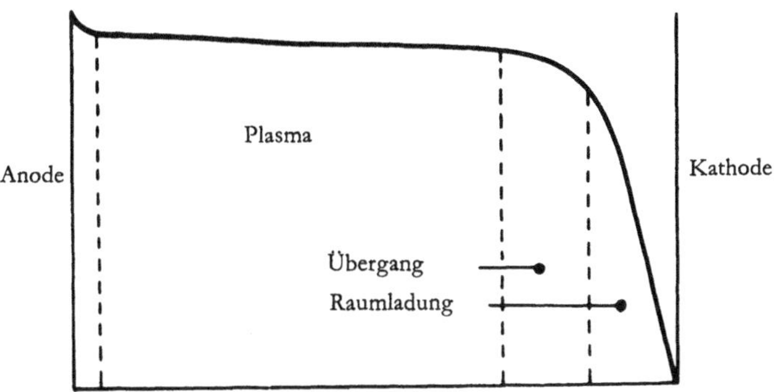

Abb. 4   Skizze des Potentialverlaufs im Generator

D. Experimentelle Ergebnisse

Die Ergebnisse der nullten Näherung können nun in einem einfachen Experiment
überprüft werden. Es zeigt, daß die in der Rechnung über ein strömendes Verbrennungsplasma gemachten Annahmen im wesentlichen zutreffen. Auf ein Magnetfeld konnte bei diesem Experiment verzichtet werden, da ein von außen ange-
legtes elektrisches Feld in der nullten Näherung das gleiche Ergebnis hervor-
bringen muß (s. B 1).

1. Experimentelle Anordnung

Das Plasma wurde mit einem Azetylenschweißbrenner Br erzeugt und strömte
durch einen rechteckigen Kanal aus Schamottsteinen, um den Wärmeverlust durch
Ableitung und Abstrahlung zu mindern. In dem $3 \times 4 \times 30$ cm großen Kanal be-
fanden sich 20 cm² große Elektroden, an die eine Batteriespannung bis zu 200 V
gelegt wurde. Von der Seite her wurde eine feine Drahtsonde S eingeführt, mit
der das Potential zwischen den Elektroden gemessen wurde (s. Abb. 5).

2. Der Potentialverlauf U = U (x)

Für das Potential ergab sich ein sehr charakteristischer Verlauf, der eindrucksvoll
bestätigt, daß der Generatorinnenwiderstand im wesentlichen in einer dünnen
Randschicht liegt (Abb. 6). Aus vielen derartigen Potentialkurven ließ sich im
einzelnen folgendes ermitteln:

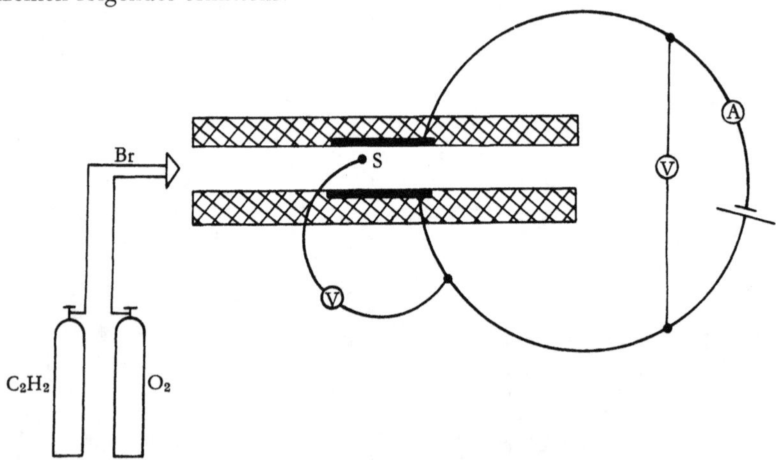

Abb. 5   Versuchsanordnung

3. Die Raumladungsschichtdicke d = d (j)

Der Ort des Potentialknicks gibt die Raumladungsschichtdicke d an, die nach
Gl. (57) folgende Abhängigkeit von j haben soll:

$$d = \frac{2}{A \sqrt{a}} \sqrt{j} \tag{60}$$

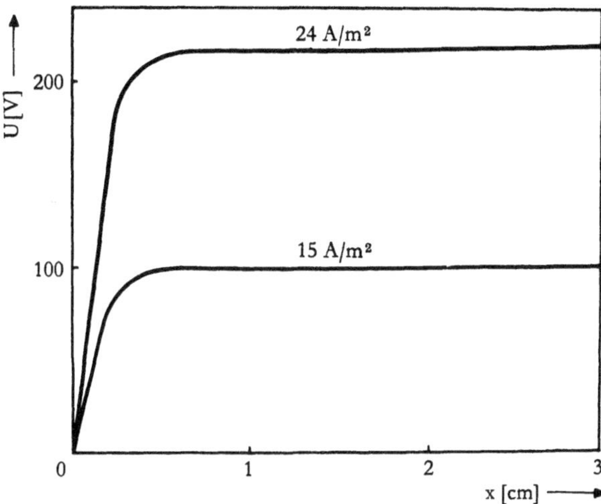

Abb. 6   Räumlicher Potentialverlauf

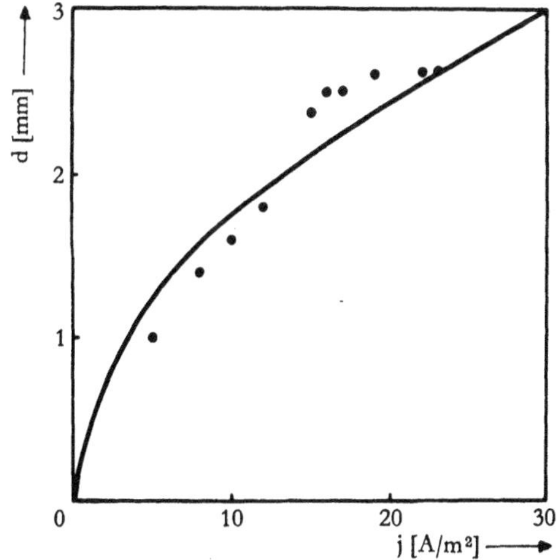

Abb. 7   Raumladungsschichtdicke

25

Wir nehmen nun

n $= 1.2 \times 10^{18}$ [m^{-3}] von D 7 und

K $= 30$ und

$\sigma = 9.2 \times 10^{-12}$.

K und σ sind so gewählt, daß die verschiedenen im folgenden durchgeführten Interpolationen der Meßwerte optimal werden. Diese beiden Daten sind durchaus vernünftige Werte. Damit erhält man die in Abb. 7 ausgezogene Kurve

$$d = 0{,}55 \sqrt{j} \qquad [\text{mm}] \tag{61}$$

die eine gute Interpolation der Meßwerte ergibt, die in der Abbildung als Punkte eingezeichnet sind. Das Experiment ergibt also tatsächlich eine starke Abhängigkeit von d und j. Gleichzeitig rechtfertigt sich die Ausgangsannahme d $\geqq \delta$. Die Strömungsgrenzschichtdicke δ wird im Bereich des Experiments max. 1 mm, während d zwischen 1 und 3 mm liegt.

4. Die Strom-Spannungs-Charakteristik U = U (j)

Für den Strom-Spannungs-Verlauf der Raumladungsschicht und damit auch annähernd des gesamten Plasmas ergibt sich nach Gl. (59)

$$U = \frac{2}{3 \, A \, a^{3/2}} \, j^{3/2} \tag{62}$$

Daraus folgt, wieder mit den Werten von D 3

$$U = 1.9 \, j^{3/2} \, [\text{V}] \tag{63}$$

Auch diese Funktion wurde in Abb. 8 eingetragen und ergibt eine befriedigende Interpolation der gemessenen Punkte.

5. Der Ionenstrom aus dem Plasmakern

Aus dem Verlauf der Meßwerte von d gegen j kann man schließen, daß d $= 0$ ist für j $\leqq 1$, d. h. nach Gl. (57), daß $J_+ \leqq 1$. ist, was wir auch schon an Hand der Rechnung in C 2 erwarteten (s. Abb. 7).

6. Die Driftfeldstärke E = E (j) im Kern

Für die Feldstärke im Plasmagebiet ergab die Messung (Abb. 9) eine fast lineare Abhängigkeit von j, wie man sie auch nach Gl. (18) erwarten sollte.

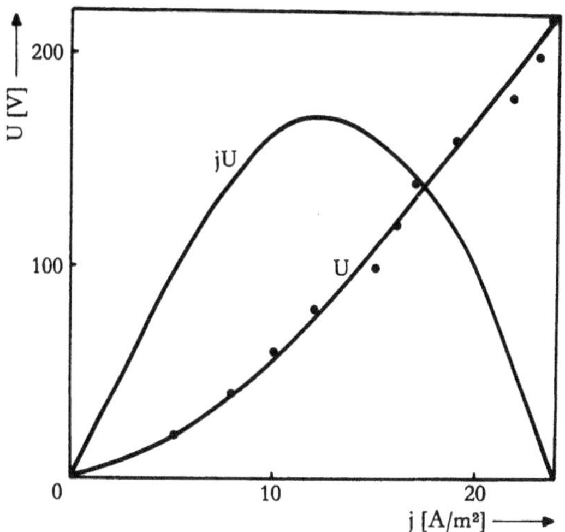

Abb. 8   Strom-Spannungs-Charakteristik

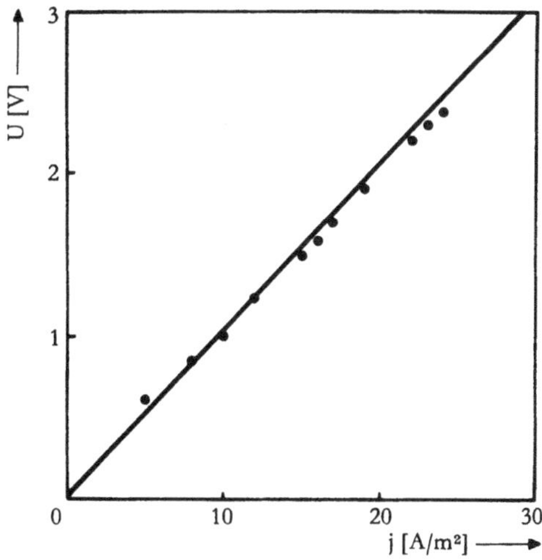

Abb. 9   Spannungsabfall über dem Kern

7. Die Trägerdichte im Kern

Aus dem Gradienten über dem Plasmakern (Abb. 9) ergibt sich nach Gl. (18) für die Ladungsträgerdichte

$$n = \frac{j}{e \, b_- \, E} \tag{64}$$

Setzt man $b_- = 1.5$, so erhält man

$$n = 1.2 \times 10^{18} \; [m^{-3}] \tag{65}$$

Das ist ein relativ hoher Wert, er entspricht einem Ionisationsgrad von etwa 10^{-6}. Jedoch wurden derartig hohe Werte schon oft gemessen [4]. Außerdem wurde er noch auf eine andere Weise bestimmt, nämlich aus dem Ionensättigungsstrom $j\infty$ der Sonde.

Mit Hilfe der Gleichung

$$j\infty = e \, \frac{n \, \overline{v_+}}{4} \tag{66}$$

ergab sich aus der Messung jedoch eine noch höhere Ladungsträgerdichte von $n = 10^{19}$.

E. Diskussion

Die Arbeit untersucht die Frage nach Grenzschichten vor den Elektroden eines MPD-Generators. In der Literatur wird das Generatorplasma immer wieder als homogen behandelt; so setzt man z. B. die Leitfähigkeit im ganzen Gebiet konstant. Von den Gasentladungen her weiß man aber, daß an den Begrenzungen eines Plasmas stets Schichten auftreten, die das Verhalten der Entladung weitgehend bestimmen.

Da die Elektroden gekühlt werden müssen, entsteht vor ihnen eine Temperaturgrenzschicht, die eine Verminderung der Ladungsträger und eine Erhöhung des elektrischen Widerstandes zur Folge hat.

Ferner macht der Stromübergang Gas–Metall an der Kathode Schwierigkeit. Dort werden die Elektronen ins Plasma abgezogen. Die Kathode liefert aber praktisch keine Elektronen nach. So entsteht vor der Kathode eine hohe positive Raumladung. Der Strom muß in diesem Gebiet von schwerbeweglichen Ionen getragen werden, wozu hohe Feldstärken erforderlich sind. Das muß einen erheblichen Potentialverschleiß über diesem Gebiet zur Folge haben.

Die Vorgänge an den Grenzschichten sind sehr komplexer Natur. Für den Transport der Ladungsträger in elektrischen und magnetischen Feldern, ihre Diffusions- und Beweglichkeitskoeffizienten, und für die Ionisations- und Rekombinationsraten sind Gesetzmäßigkeiten bekannt, solange man sich in der Nähe des Gleichgewichts befindet. Man darf bei unserem Problem aber überhaupt nicht vom Gleichgewicht ausgehen. Einmal werden die Ladungsträger durch den chemischen Prozeß in weit größerem Maße erzeugt, als man sie in Gleichgewichtsnähe in Rechnung stellen müßte. Zum anderen versagen in der Randschicht alle gleichgewichtsnahen Ansätze in den Transportgleichungen für die Diffusion und die Beweglichkeit.

Deshalb wurden in den Ansätzen nur die Hauptvorgänge erfaßt und Erscheinungen geringerer Wirkung so weit vereinfacht, daß die Gleichungen elementar integrabel wurden. Wir konnten dabei analog zu den Rechnungen von WEIZEL [7] über die kathodischen Entladungsteile einer Glimmentladung vorgehen.

Es ergaben sich nun teilweise ähnliche Erscheinungen wie bei der Glimmentladung. Die Hauptschwierigkeit für den Strom liegt im Übergang Gas–Metall an der Kathode. Hier bildet sich eine millimeterdicke Grenzschicht, in der der Strom faßt ausschließlich von schwerbeweglichen Ionen getragen wird, was wesentlich mehr Spannung verschleißt als der Elektronenstrom im gesamten übrigen Gebiet. Ähnlich wie bei der Glimmentladung der Spannungsverbrauch über dem Fallraum nur ganz geringfügig über den Plasmawirkungsgrad, d. h. über die Zahl der in den Fallraum eindiffundierenden Ionen, vom Glimmlicht beeinflußt wird, ist auch hier kein großer Einfluß des Plasmakerns auf den Spannungsver-

schleiß über der Schicht zu erreichen. Der wesentliche Unterschied zur Glimmentladung liegt in der Trägererzeugung. Sie erfolgt hier nicht durch im elektrischen
Feld aufgeheizte Elektronen, sondern durch thermische Stöße zwischen Neutral-
teilchen. Dieser Unterschied führte zu ganz anderen Abhängigkeiten als in der
Glimmentladung. So nehmen Schichtdicke und Innenwiderstand des Generators
mit wachsendem Strom zu, im Gegensatz zur Glimmentladung, wo sie abnehmen.
Je größer der Strom wird, um so mehr Elektronen werden von der Kathode abgezogen und um so höher werden dort Raumladung und Spannungsabfall.
Welche Möglichkeiten bestehen nun, diesen Spannungsverschleiß zu reduzieren?
Absolut könnte er verkleinert werden durch Erhöhung der Temperatur und Verwendung von Gasen mit niedriger Ionisationsenergie und somit durch die Erhöhung der Trägerdichte. Aber dies alles erniedrigt zwar den Spannungsverschleiß bei gleichem Strom, doch wird immer wieder das Leistungsmaximum
begrenzt durch das Auftreten der Raumladungsschicht. *Relativ* kann man ihn
natürlich verkleinern durch Erhöhen des Elektrodenabstandes D, des Magnet-
feldes B und der Strömungsgeschwindigkeit v, da dies die Leerlaufspannung
v B D erhöht.
Dagegen dürfte es keine Verbesserung des Generatorwirkungsgrades bringen,
wenn man die Ionisation etwa durch Anlegen eines Hochfrequenzfeldes erhöht.
Man würde dann zunächst elektrische Energie in Ionisationsenergie und schließ-
lich diese wieder in elektrische umwandeln, was sicher mit Verlust geschieht.
Es zeigte sich nämlich, daß die Energie vor allem der Reaktionsenergie und nicht
so sehr der Strömungsenergie entnommen wird. Der Verschleiß an Strömungsenergie wird fortwährend aus der Reaktionsenergie nachgeliefert.
Die in der Arbeit gestellte Frage muß also bejaht werden: Der Innenwiderstand
des MPD-Generators kann nicht aus der Leitfähigkeit des Plasmakerns berechnet
werden – diese ist relativ hoch –, sondern liegt fast ausschließlich in einer milli-
meterdicken Grenzschicht vor der Kathode.

Herrn Professor WEIZEL danke ich sehr für viele Anregungen und die Förderung
dieser Arbeit.

Dipl.-Phys. JOHANNES KANNE

F. Literaturverzeichnis

[1] MESSERLE, Proc. 5. Int. Conf. on Ionization Phenomena in Gases. Munich 1961. – McCUNE, Physics Today 16,4 (1963), S. 44. – EULER, Neue Wege zur Stromerzeugung. Frankfurt 1963. – TALAAT, Advanced Energy Conversion 1 (1961), S. 19, und 3 (1963), S. 595. – CHANG und LUNDGREN, Duct flow in MHD. Zs. Angew. Math. und Phys. 12 (1961), S. 100.
[2] SCHLICHTING, Grenzschichttheorie. Karlsruhe 1951.
[3] STEENBECK, Beiträge aus der Plasmaphysik 1 (1960/61), S. 5.
[4] GAYDON und WOLFHARD, Flames. London 1960. – GAYDON und HURLE, The shock tube in high-temperature chemical Physics. London 1963.
[5] HERZBERG, Molecular Spectra and Molecular Structure II. New York 1962.
[6] NEU, Theorie der Strom-Spannungs-Charakteristik der stationären Glimmentladung. Zs. Phys. 155 (1959), S. 77.
[7] WEIZEL, ROMPE und SCHÖN, Theorie der kathodischen Entladungsteile einer Niederdruckentladung. I, Zs. Phys. 112 (1939), S. 339; II, Zs. Phys. 113 (1939), S. 87; III, Zs. Physik 113 (1939), S. 730.

FORSCHUNGSBERICHTE
DES LANDES NORDRHEIN-WESTFALEN

Herausgegeben im Auftrage des Ministerpräsidenten Dr. Franz Meyers
von Staatssekretär Prof. Dr. h. c. Dr.-Ing. E. h. Leo Brandt

PHYSIK

HEFT 10
Prof. Dr. Wilhelm Vogel, Köln
Das „Streifenpaar" als neues System zur mechanischen Vergrößerung kleiner Verschiebungen und seine technischen Anwendungsmöglichkeiten
1952. 12 Seiten, 6 Abb. DM 4,50

HEFT 62
Prof. Dr. W. Franz, Institut für theoretische Physik der Universität Münster
Berechnung des elektrischen Durchschlags durch feste und flüssige Isolatoren
1954. 26 Seiten. DM 7,—

HEFT 103
Prof. Dr. phil. Walter Weizel, Bonn
Durchführung von experimentellen Untersuchungen über den zeitlichen Ablauf von Funken in komprimierten Edelgasen sowie zu deren mathematischen Berechnung
1954. 32 Seiten, 12 Abb. DM 9,10

HEFT 104
Prof. Dr. phil. Walter Weizel, Bonn
Über den Einfluß der Elektroden auf die Eigenschaften von Cadmium-Sulfid-Widerstands-Photozellen
1954. 34 Seiten, 12 Abb. DM 9,45

HEFT 107
Prof. Dr. Heinrich Lange und Dipl.-Phys. P. St. Pütter, Institut für theoretische Physik der Universität Köln
Über die Konstruktion von Laboratoriumsmagneten
1955. 52 Seiten, 19 Abb., 1 Tabelle. DM 12,30

HEFT 122
Prof. Dr. phil. Walter Fuchs †, Aachen
Untersuchungen zur Verbesserung der Wasseraufbereitung und Wasseranalyse:
Über die Schnellbewertung von Ionenaustauschern
1954. 47 Seiten, 32 Abb. Vergriffen

HEFT 125
Prof. Dr. phil. Eugen Kappler, Münster
Eine neue Methode zur Bestimmung von Kondensations-Koeffizienten von Wasser
1955. 31 Seiten, 11 Abb., 1 Tabelle. DM 9,10

HEFT 141
Dr. phil. J. van Calker und Dr. rer. nat. R. Wienecke, Physikalisches Institut der Universität Münster
Untersuchungen über den Einfluß dritter Analysenpartner auf die spektrochemische Analyse
1955. 25 Seiten, 15 Abb. DM 9,10

HEFT 145
Dr. phil. G. Hennemann, Werdohl (Westf.)
Beitrag zur Interpretation der modernen Atomphysik
1955. 34 Seiten. DM 10,—

HEFT 148
Prof. Dr. phil. Heinz Bittel und Dipl.-Phys. L. Strom, Institut für Angewandte Physik der Universität Münster
Untersuchungen über Widerstandsrauschen
1955. 23 Seiten, 5 Abb. DM 8,40

HEFT 157
Dr. rer. nat. W. Jawtusch und Dr. rer. nat. G. Schuster und Prof. Dr.-Ing. Rudolf Jaeckel, Physikalisches Institut der Universität Bonn
Untersuchungen über die Stoßvorgänge zwischen neutralen Atomen und Molekülen
1955. 35 Seiten, 15 Abb., 3 Tabellen. DM 10,50

HEFT 169
*Forschungsinstitut für Pigmente und Lacke, Stuttgart
Leiter: Prof. Dr. rer. nat. Karl Hamann*
Arbeiten über die Bestimmung des Gebrauchswertes von Lackfilmen durch physikalische Prüfungen
1955. 58 Seiten, 23 Abb., 4 Tabellen. DM 15,—

HEFT 174
*Prof. Dr. phil. C. v. Fragstein, Dr. phil. J. Meingast
und H. Koch, Physikalisches Institut der Universität Köln*
Herstellung von Solen einheitlicher Teilchengröße und Ermittlung ihrer optischen Eigenschaften
1955. 47 Seiten, 80 Abb., 4 Tabellen. DM 18,25

HEFT 178
*Prof. Dr. phil. Mark von Stackelberg und Dr. rer. nat.
W. Hans, Bonn*
Untersuchungen zur Ausarbeitung und Verbesserung von polarographischen Analysenmethoden
1955. 33 Seiten, 14 Abb. DM 10,50

HEFT 187
*Dipl.-Ing. F. Göttgens, Gaswärme-Institut Langenberg/
Rhld. Leiter: Prof. Dr.-Ing. Fritz Schuster*
Über die Eigenarten der Bimetall-, Thermo- und Flammenionisationssicherungsmethode in ihrer Anwendung auf Zündsicherungen
1955. 28 Seiten, 6 Abb., 4 Tabellen. DM 8,40

HEFT 189
Fa. E. Leybold's Nachfolger, Köln
I. Ausgewählte Kapitel aus der Vakuumtechnik
II. Zum Verlust anorganisch-nichtflüchtiger Substanzen während der Gefriertrocknung
1955. 39 Seiten, 16 Abb., 3 Tabellen. DM 11,20

HEFT 194
Dr. phil. Karl Hecht, Köln
Entwicklung neuartiger physikalischer Unterrichtsgeräte
1955. 28 Seiten, 16 Abb. DM 9,90

HEFT 209
*Dr. rer. nat. K. Bunge, Institut für Spektrochemie und
angewandte Spektroskopie Dortmund*
Materialabbau in Funkenentladungen. Untersuchungen an Zinkkathoden
1956. 43 Seiten, 10 Abb., 5 Tabellen. DM 11,40

HEFT 210
*Dr. rer. nat. W. Porschen und Prof. Dr. phil. W. Riezler,
Bonn*
Langlebige Alphaaktivitäten bei natürlichen Elementen
1955. 25 Seiten, 5 Abb., 4 Tabellen. DM 8,80

HEFT 233
Dr. phil. nat. H. Haase, Hamburg
Infrarot-Bibliographie
1956. 80 Seiten. DM 17,80

HEFT 251
*Prof. Dr. phil. Heinz Bittel, Institut für angewandte
Physik der Universität Münster*
Zur Statistik der ferromagnetischen Elementarvorgänge und ihren Einfluß auf das Barkhausenrauschen
1956. 41 Seiten, 14 Abb. DM 11,65

HEFT 259
Prof. Dr. habil. Werner Linke, Aachen
Strömungsvorgänge in künstlich belüfteten Räumen
1956. 41 Seiten, 37 Abb., 1 Tabelle. DM 11,80

HEFT 264
Prof. Dr. phil. Walter Weizel, Bonn
Durch schnelle Funkenzusammenbrüche ausgelöste Signale auf einer Leitung
1956. 15 Seiten, 4 Abb., 3 Tabellen. DM 6,10

HEFT 267
*Prof. Dr. phil. Walter Weizel und Berthold Brandt,
Bonn*
Zur Stabilität stromstarker Glimmentladungen
1956. 25 Seiten, 7 Abb. DM 8,40

HEFT 299
*Dr. rer. nat. Josef Fassbender und Werner Hoppe,
Institut für theoretische Physik Bonn*
Eine photoelektrische Nachlaufeinrichtung für Analogie-Rechenmaschinen
1956. 20 Seiten, 8 Abb. DM 7,65

HEFT 326
*Prof. Dr.-Ing. Ernst Essers, Institut für Kraftfahrwesen der Rhein.-Westf. Technischen Hochschule Aachen
unter Mitarbeit von Dr.-Ing. I. Essers und Dipl.-Ing
J. Klein*
Deichselkräfte an Lastzügen
1957. 86 Seiten, 34 Abb. DM 22,10

HEFT 329
*Dipl.-Ing. Arnold Krüger, Karlsruhe und Feuerwehr-
Ing. Rudolf Radusch, Forschungsstelle für Feuerlöschtechnik an der Technischen Hochschule Karlsruhe*
Wasserzerstäubung im Strahlrohr
1956. 78 Seiten, 21 Abb., 3 Tabellen. DM 18,65

HEFT 330
*Dr.-Ing. Ernst Pepping, Aerodynamisches Institut der
Rhein.-Westf. Technischen Hochschule Aachen
Leiter: Prof. Dr.-Ing. F. Seewald*
Die Durchflußzahl des Rechteckschlitzes in einer sehr großen Wand
1957. 46 Seiten, 21 Abb. DM 12,35

HEFT 332
*Prof. Dr.-Ing. Rudolf Jaeckel und Dr. rer. nat.
G. Reich, Physikalisches Institut der Universität Bonn*
Messung von Dampfdrücken im Gebiet unter 10^{-2} Torr
1956. 34 Seiten, 16 Abb., 2 Tabellen. DM 10,40

HEFT 334
*Prof. Dr. phil. Walter Weizel und Dr. rer. nat.
Gerhard Meister, Bonn*
Spektralanalyse durch Messung des Interferenz-Kontrastes
1956. 29 Seiten, 8 Abb. DM 9,30

HEFT 335
Prof. Dr. phil. Walter Weizel und Hermann Hornberg,
Institut für theoretische Physik der Universität Bonn
Untersuchungen der anodischen Teile einer Glimm-
entladung
1957. 49 Seiten, 21 Abb., 19 Farbabb., 1 Tabelle.
DM 32,80

HEFT 341
Prof. Dr.-Ing. Helmut Winterhager und Dipl.-Ing.
Leo Werner, Aachen
Präzisions-Meßverfahren zur Bestimmung des elek-
trischen Leitvermögens geschmolzener Salze
1956. 36 Seiten, 19 Abb., 1 Tabelle. DM 10,60

HEFT 344
Prof. Dr.-Ing. Wilhelm Fucks, Aachen
Zur Deutung einfachster mathematischer Sprach-
charakteristiken
1956. 21 Seiten, 12 Abb. DM 7,80

HEFT 356
Dipl.-Phys. Gerhard Gurke, Physikalisches Institut der
Rhein.-Westf. Technischen Hochschule Aachen
Leiter: Prof. Dr.-Ing. Wilhelm Fucks
Aufbau einer Meßanlage für Untersuchungen elek-
trischer Gasentladung im Bereiche großer p.
d.-Werte
1956. 25 Seiten, 13 Abb., 1 Tabelle. DM 8,65

HEFT 357
Prof. Dr.-Ing. Wilhelm Fucks, Aachen
Mathematische Analyse der Formalstruktur von
Musik
1958. 46 Seiten, 29 Abb., 16 Tabellen. DM 13,60

HEFT 361
Dipl.-Ing. Hans Friedrich Klein, Aerodynamisches In-
stitut der Rhein.-Westf. Technischen Hochschule Aachen
Leitung: Prof. Dr.-Ing. F. Seewald
Die nichtstationären Strömungsvorgänge und der
Wärmeübergang in einem Schwingfeuergerät
1957. 84 Seiten, 34 Abb., 4 Falttafeln. DM 25,90

HEFT 368
Prof. Dr. phil. Heinrich Kaiser, Institut für Spektro-
chemie und angewandte Spektroskopie Dortmund
Entwicklung betriebsmäßiger spektrochemischer
Analysenverfahren für technische Gläser
1957. 29 Seiten, 11 Abb. DM 9,10

HEFT 369
Prof. Dr.-Ing. Rudolf Jaeckel und Dipl.-Phys. Franz
Josef Schittko, Physikalisches Institut der Universität
Bonn
Gasabgabe von Werkstoffen ins Vakuum
1957. 48 Seiten, 20 Abb., 6 Tabellen. DM 13,30

HEFT 375
Technischer Überwachungs-Verein e. V., Essen
Wanddickenmessungen mittels radioaktiver Strah-
len und Zählrohrgerät
1958. 24 Seiten, 15 Abb. DM 9,55

HEFT 380
Dipl.-Phys. Rüdiger Trappenberg, Meteorologisches In-
stitut der Technischen Hochschule Karlsruhe
Theoretische und experimentelle Untersuchungen
zur Staubverteilung einer Rauchfahne
1957. 52 Seiten, 7 Abb., 18 Tabellen. DM 14,90

HEFT 386
Prof. Dr.-Ing. Herwart Opitz und Dipl.-Ing. Oskar
Hake, Aachen
Standzeituntersuchungen und Verschleißmessun-
gen mit radioaktiven Isotopen
1958. 36 Seiten, 33 Abb., 3 Tabellen. DM 12,75

HEFT 404
Prof. Dr. Rudolf Jaeckel und Dipl.-Phys. Franz Gross,
Physikalisches Institut der Universität Bonn
Die Löslichkeit von Gasen in schwerflüchtigen
organischen Flüssigkeiten
1957. 34 Seiten, 17 Abb., 1 Tabelle. DM 11,50

HEFT 415
Prof. Dr.-Ing. Wolfgang Paul, Dr. rer. nat. Otto
Osberghaus und Dipl.-Phys. Erhardt Fischer, Physikali-
sches Institut der Universität Bonn
Ein Ionenkäfig
1958. 42 Seiten, 18 Abb., 2 Tabellen. DM 13,65

HEFT 419
Dipl.-Ing. Karlheinz Brocks, Mülheim (Ruhr)
Die Messungen der Reflexionseigenschaften künst-
licher und natürlicher Materialien mit quasi-opti-
schen Methoden bei Mikrowellen
1957. 76 Seiten, 52 Abb. DM 20,35

HEFT 420
Dipl.-Ing. Martin Vogel, Oberpfaffenhofen
Das Spektralgebiet zwischen dem langwelligen
Ultrarot und den Mikrowellen. Stand der Technik
und Entwicklungstendenzen
1957. 55 Seiten, 2 Abb. DM 13,50

HEFT 432
Dipl.-Phys. Dr. Rudolf Werz, Institut für Strahlen-
und Kernphysik der Universität Bonn
Die Entwicklung einer Synchronzyklotron-Ionen-
quelle
1958. 109 Seiten, 90 Abb. 1 Tabelle. DM 30,30

HEFT 439
Prof. Dr. phil. Heinrich Lange, und Dipl.-Phys. Dr.
rer. nat. Rudolf Kohlhaas, Institut für theoretische
Physik der Universität Köln
Anwendung der thermomagnetischen Analyse zum
Studium des Umwandlungsverhaltens von Eisen-
werkstoffen im Temperaturbereich von —150 bis
+ 1500 Grad C
1958. 95 Seiten, 72 Abb., 2 Tabellen. DM 27,10

HEFT 443
Prof. Dr. phil. Walter Weizel und Karlheinz Kluth,
Bonn
Über die Struktur der positiven Gleitentladungen
1957. 32 Seiten, 30 Abb. DM 12,20

HEFT 450
Prof. Dr.-Ing. Wolfgang Paul, und Dipl.-Phys. Hans Peter Reinhard, Physikalisches Institut der Universität Bonn
Das elektrische Massenfilter als Isotopentrenner
1958. 44 Seiten, 20 Abb. DM 13,50

HEFT 459
Prof. Dr. phil. Franz Wever, Dr. phil. Otto Krisement und Hanna Schädler, Max-Planck-Institut für Eisenforschung, Düsseldorf
Ein isothermes Mikrokalorimeter zur kinetischen Messung von Umwandlungs- und Ausscheidungsvorgängen in Legierungen
1957. 31 Seiten, 14 Abb. DM 10,75

HEFT 460
Prof. Dr. phil. Franz Wever und Dr. rer. nat. Bernhard Ilschner, Max-Planck-Institut für Eisenforschung, Düsseldorf
Ein isothermes Lösungskalorimeter zur Bestimmung thermo-dynamischer Zustandsgrößen von Legierungen
1957, 31 Seiten, 7 Abb., 4 Tabellen. DM 10,40

HEFT 502
Prof. Dr. Max Diem und Dr. Rüdiger Trappenberg, Meteorologisches Institut der Technischen Hochschule Karlsruhe
Berechnung der Ausbreitung von Staub und Gas
1957. 18 Seiten Text und 67 z. T. großformatige zweifarbige Diagramme. DM 37,30

HEFT 504
Prof. Dr. phil. Franz Wever, Dr. phil. Wilhelm Wink und Dr. rer. nat. Werner Jellinghaus, Max-Planck-Institut für Eisenforschung, Düsseldorf
Versuchsanordnung zur Messung der Suszeptibilität paramagnetischer Stoffe und Meßergebnisse an Nickel-Chrom- und Kobalt-Nickel-Chrom-Werkstoffen
1958. 26 Seiten, 10 Abb., 2 Tabellen. DM 9,95

HEFT 507
Prof. Dr. Heinrich Kaiser, Dortmund, Dr. Gerhard Bergmann und Priv.-Doz. Dr. Günter Kresze, Spektrochemie und angewandte Spektroskopie, Dortmund-Aplerbeck
Kartei zur Dokumentation in der Molekülspektroskopie
1958. 34 Seiten, 3 Abb., 6 Tabellen. DM 11,90

HEFT 510
Prof. Dr. rer. nat. Wilhelm Groth, Dr.-Ing. Konrad Bayerle, Dr. rer. nat. Hans Ihle, Dr. rer. nat. Alexander Murrenhoff, Erich Nann und Dr. rer. nat. Karl-Heinz Welge, Bonn
Anreicherung der Uranisotope nach dem Gaszentrifugenverfahren
1958. 76 Seiten, 43 Abb. DM 21,20

HEFT 516
Prof. Dr.-Ing. Harald Müller, Dipl.-Ing. Friedhelm Reinke und Dipl.-Ing. Wilhelm Sorgenicht, Elektrowärme-Institut Essen
Gesamtstrahlungsmessungen der Temperaturstrahlung
1958. 82 Seiten, 42 Abb. DM 22,80

HEFT 519
Prof. Dr. phil. Franz Wever, Dr. phil. Walter Koch und Dr. phil. Siegfried Eckhard, Max-Planck-Institut für Eisenforschung, Düsseldorf
Die spektrographische Bestimmung der Spurenelemente in Stahl ohne vorherige Abbrennung
1958. 36 Seiten, 22 Abb. DM 12,60

HEFT 527
Dr. rer. nat. Klaus Georg Müller, aus dem Institut der Forschungsgesellschaft Verfahrenstechnik e. V. an der Rhein.-Westf. Technischen Hochschule Aachen
Wärmeübertragung auf eine Flugstaubströmung im senkrechten Rohr sowie auf eine durchströmte Schüttgutschicht
1958. 74 Seiten, 34 Abb., 9 Tabellen. DM 20,70

HEFT 537
Dr.-Ing. Nikolaus Gössl, Frankfurt
Probleme der Zugförderung im Zusammenhang mit der Ausnützung der Atom-Energie
1958. 116 Seiten, 28 Abb., 12 Tabellen. DM 29,90

HEFT 548
Prof. Dr.-Ing. Karl Leist und Dr.-Ing. Joseph Weber, Institut für Turbomaschinen der Rhein.-Westf. Technischen Hochschule Aachen
Spannungsoptische Untersuchungen von Turbinenscheiben mit angefrästen und eingesetzten Schaufeln
1958. 28 Seiten, 28 Abb., 4 Tabellen. DM 8,30

HEFT 549
Dr.-Ing. Rolf Merten, Duisburg
Resonanzanpassung bei einem Tiefpaß
1958. 22 Seiten, 16 Abb. DM 9,—

HEFT 550
Dr. Hans Stephan, Bonn
Elektrisches Standhöhenmeßgerät für Flüssigkeiten
1958. 25 Seiten, 13 Abb., 2 Tabellen. DM 10,10

HEFT 551
Prof. Dr. phil. Walter Weizel und Dipl.-Phys. Berthold Brandt, Institut für theoretische Physik der Universität Bonn
Betriebsbedingungen einer stromstarken Glimmentladung
1958. 54 Seiten, 18 Abb. DM 16,—

HEFT 567
Dr. rer. nat. Kurt Sauerwein, Düsseldorf
Anwendungen radioaktiver Isotope in der Technik
1958. 74 Seiten, 33 Abb., 9 Tabellen. DM 19,60

HEFT 583
Prof. Dr. phil. Fritz Kirchner, Dipl.-Phys. Heinz Baron und Dipl.-Phys. Herbert Kirchner, Köln
Verwendbarkeit von Zählrohren zu massenspektrometrischen Untersuchungen
1958. 12 Seiten, 5 Abb. DM 6,70

HEFT 590
Übergabe des Synchro-Zyklotrons an das Institut für Strahlen- und Kernphysik der Universität Bonn am 8. Mai 1957
1958. 52 Seiten, 16 Abb. DM 16,50

HEFT 594
Prof. Dr. Alexander Nikuradse, Institut für Elektronen- und Ionenforschung, München
Energieabsorption von Atomkernstrahlen in organischen Stoffen und durch sie hervorgerufene Reaktionsprozesse
1958. 56 Seiten, 13 Abb., 2 Tabellen. DM 15,10

HEFT 595
Prof. Dr. Alexander Nikuradse und Dipl.-Phys. Karl Kugler, Institut für Elektronen- und Ionenforschung, München
Einfluß der molekularen bzw. atomaren Beschaffenheit der Festwandoberflächenschicht auf die Wechselwirkung zwischen auftretenden Gasmolekülen und der Wand
1958. 15 Seiten, 9 Abb. DM 8,40

HEFT 608
Prof. Dr. habil. Werner Linke und Dipl.-Ing. Werner Hufschmidt, Rhein.-Westf. Technische Hochschule Aachen
Wärmeübergang bei pulsierender Strömung
1958. 30 Seiten, 18 Abb. DM 9,—

HEFT 615
Prof. Dr. phil. Walter Weizel und Duk Hyun Whang, Institut für theoretische Physik der Universität Bonn
Stromverteilung auf der Kathode einer Glimmentladung in Spalten bei hohen Drücken und abseits stehender Anode
1958. 28 Seiten, 16 Abb. DM 8,80

HEFT 616
Prof. Dr. phil. Walter Weizel und Wolfgang Ohlendorf, Institut für theoretische Physik der Universität Bonn
Die Glimmentladung in spaltartigen Entladungsräumen
1958. 38 Seiten, 18 Abb. DM 10,70

HEFT 622
Prof. Dr. Walter Franz, Institut für theoretische Physik der Universität Münster
Theorie der Elektronenbeweglichkeit in Halbleitern
1958. 39 Seiten, 9 Abb. DM 10,80

HEFT 642
Dr.-Ing. Hans-Joachim Eckhardt, Elektrowärme-Institut Essen und Langenberg
Leiter: Prof. Dr.-Ing. Harald Müller
Die dielektrische Trocknung bei erniedrigtem Luftdruck mit Beiträgen zum physikalischen Verhalten der Mischkörper
1958. 65 Seiten, 5 Abb., 19 Beilagen. DM 17,10

HEFT 643
Max-Planck-Institut für Silikatforschung, Würzburg
Spannungsmessungen an Schleifkörpern
1958. 38 Seiten, 22 Abb. DM 11,70

HEFT 651
Dr.-Ing. Albrecht Eisenberg, Staatliches Materialprüfungsamt Dortmund
Versuche zur Körperschalldämmung in Gebäuden
1958. 26 Seiten, 20 Abb. DM 8,10

HEFT 652
Dr. phil. nat. H. Haase, Hamburg
Infrarot-Bibliographie II
1959. 42 Seiten. DM 11,—

HEFT 653
Prof. Dr. Karl Hamann und Dr. Werner Funke, Forschungsinstitut für Pigmente und Lacke Stuttgart
Die Schutzwirkung organischer Inhibitoren in wäßriger Lösung gegenüber Eisen
1958. 72 Seiten, 31 Abb. DM 18,70

HEFT 656
Prof. Dr. Ernst Jenckel und Dr. Helmuth Huhn, Institut für theoretische Hüttenkunde und physikalische Chemie der Rhein.-Westf. Technischen Hochschule Aachen
Das Verkleben von Aluminium mit carboxylsubstituierten Polystrolen
1958. 42 Seiten, 16 Abb., 3 Tabellen. DM 11,60

HEFT 657
Prof. Dr. phil. Walter Weizel und Dr. Helmut Herrmann, Institut für theoretische Physik der Universität Bonn
Glimmentladungen an festen nichtmetallischen Elektroden
1959. 13 Seiten, 2 Abb., 1 Tabelle. DM 5,—

HEFT 662
Prof. Dr. phil. Heinrich Lange und Dr. rer. nat. Rudolf Kohlhaas, Institut für theoretische Physik der Universität Köln
Über die Konstruktion von Laboratoriumsmagneten
2. Teil: Technische Ausführung verschiedener Magnettypen
1958. 29 Seiten, 20 Abb., 3 Tabellen. DM 9,80

HEFT 683
Prof. Dr.-Ing. Rudolf Jaeckel und Dr. rer. nat. Horst Kutscher, Physikalisches Institut der Universität Bonn
Das Verhalten von Überschallströmungen bei Drücken unter 1 Torr
1959. 61 Seiten, 43 Abb., 12 Farbtafeln. DM 50,—

HEFT 684
*Prof. Dr. sc. techn. Fritz Schultz-Grunow und
Dr.-Ing. Hansgeorg Hein, Rhein.-Westf. Technische
Hochschule Aachen*
Theoretische und experimentelle Beiträge zur
Grenzschichtströmung
1959. 65 Seiten, 49 Abb., 1 Tabelle. DM 19,—

HEFT 687
*Prof. Dr. Eugen Kappler, Dr. Heinrich Frinken und
cand. phys. Josef Vanheiden, Physikalisches Institut der
Universität Münster*
Teil I: Das elastische Verhalten der Metalle beim
Zugversuch im Bereich der plastischen Verformung.
Teil II: Untersuchungen über das elastische Verhalten metallischer Werkstoffe im Bereich der plastischen Verformung beim Brinellschen Kugel-
druckversuch
1959. 55 Seiten, 42 Abb. DM 15,30

HEFT 696
*Dr. rer. ant. Hans Ehrenberg und
Dipl.-Phys. Hans-Josef Mürtz, Physikalisches Institut
der Universität Bonn*
Massenspektrometrische Untersuchungen an Blei-
erzen
1959. 31 Seiten, 12 Abb., 2 Tabellen. DM 9,40

HEFT 717
*Prof. Dr. phil. Walter Franz, Institut für theoretische
Physik der Universität Münster*
Leitungsvorgänge in Halbleitern anisotroper
Struktur
1959. 29 Seiten, 9 Abb., 2 Tabellen. DM 8,80

HEFT 719
*Prof. Dr. phil. Heinrich Lange und
Dr. rer. nat. Wolfgang Habbel, Institut für theoretische
Physik der Universität Köln*
Das spannungsoptische Bild von Stoßwellen in der
elastischen Halbebene in Abhängigkeit von der
Stoßdauer und der Stoßgeschwindigkeit
1959. 52 Seiten, 46 Abb. DM 35,20

HEFT 724
*Prof. Dr. Gottfried Eckart, Dr. Friedrich Gimmel,
Thilo Conrady und Bernd Scherer, Institut für ange-
wandte Physik und Elektrotechnik der Universität des
Saarlandes, Saarbrücken*
Sonderfragen bei Breitband-Schlitzantennen
1959. 32 Seiten, 3 Abb., 4 Kurvenblätter. DM 9,40

HEFT 735
*Dipl.-Ing. Robert Lüttmann, Gaswärme-Institut Essen-
Steele*
Wissenschaftliche Leitung: Prof. Dr.-Ing. Fritz Schuster
Wärmeaustausch bei durch Anwendung von
Sintermetallen verschiedenartig ausgeführten Wär-
meübertragungsflächen
1959. 27 Seiten, 13 Abb. DM 8,80

HEFT 752
*Prof. Dr. phil. Walter Weizel und
Dipl.-Phys. Dr. Hermann Hornberg, Institut für theore-
tische Physik der Universität Bonn*
Glimmentladungssäulen ohne Wandeinflüsse
1959. 52 Seiten, 53 Abb. DM 41,—

HEFT 753
*Prof. Dr. Ernst Jenckel und Dr. Karl-Heinz Illers,
Institut für theoretische Hüttenkunde und physikalische
Chemie der Rhein.-Westf. Technischen Hochschule Aachen*
Mechanische Relaxationserscheinungen in ver-
netztem und gequollenem Polystrol
1959. 92 Seiten, 49 Abb. DM 24,80

HEFT 759
Dr. Curt Brunnée und Dr. Ludolf Jenckel, Bremen
Untersuchung und Verbesserung des Störunter-
grundes im Massenspektrometer
1959. 59 Seiten, 36 Abb. DM 17,70

HEFT 760
*Dipl.-Phys. Bruno Franzen,
Prof. Dr.-Ing. Wilhelm Fucks und
Prof. Dr. phil. Georg Schmitz, Physikalisches Institut
der Rhein.-Westf. Technischen Hochschule Aachen*
Vergleich von Korona- und Hitzdrahtanemometer
durch Messung von Turbulenzspektren
1959. 70 Seiten, 49 Abb. DM 19,90

HEFT 779
*Prof. Dr.-Ing. Felix Eisele und
Dipl.-Phys. Dietrich Löbell*
*Versuchsfeld für Werkzeugmaschinen, Technische Hoch-
schule München*
Untersuchungen der kennzeichnenden Eigen-
schaften von Meßuhren und Feinzeigern
1959. 106 Seiten, 67 Abb. DM 29,20

HEFT 797
*Prof. Dr. phil. Heinrich Lange und
Dr. rer. nat. Rudolf Kohlhaas, Institut für theoretische
Physik der Universität Köln*
Über die wahre spezifische Wärme von Eisen,
Nickel und Chrom bei hohen Temperaturen.
Neue Verfahren zur Messung der wahren spezifi-
schen Wärme von Metallen bei hohen Temperaturen
1960. 115 Seiten, 38 Abb., 24 Tabellen. DM 31,20

HEFT 829
*Dr. Hans Strack, Institut für theoretische Physik der
Universität Bonn*
Glimmentladung im Inneren eines kathodischen
Rohres
1960. 34 Seiten, 16 Abb. DM 10,30

HEFT 832
*Prof. Dr. Günter Ecker, Dietrich Voslamber, Institut
für theoretische Physik der Universität Bonn*
Die Impulsstreuungsmomente in kollektiven Ge-
samtheiten
1960. 49 Seiten, 4 Abb. DM 15,10

HEFT 836
Dipl.-Met. Heinrich Borchardt, Essen
Physikalisch-technische Grundlagen der meteoro-
logischen Anwendung von Radar nach Erfahrun-
gen mit der Wetterradaranlage des Institutes für
Mikrowellen in der Deutschen Versuchsanstalt für
Luftfahrt e. V., Mülheim/Ruhr
1960. 139 Seiten, 59 Abb., 4 Tabellen,
4 Tafeln, 5 Bildserien. DM 39,90

HEFT 853
Prof. Dr. phil. Walter Weizel und
Dr. rer. nat. Gerhard Albrecht, Institut für theoretische
Physik der Universität Bonn
Glimmentladungssäulen ohne Wand bei höheren
Drucken
1960. 35 Seiten, 19 Abb. DM 19,90

HEFT 857
Prof. Dr. phil. Walter Weizel und
Dipl.-Phys. Friedrich Laube, Institut für theoretische
Physik der Universität Bonn
Schichten im Faradayschen Dunkelraum der
Glimmentladung und elektrochemische Eigen-
schaften des Entladungsgases
1960. 72 Seiten, 47 Abb. DM 49,80

HEFT 862
Dipl.-Phys. Wilhelm Gerke, Institut für theoretische
Physik der Universität Bonn
Drehstromglimmentladung im Stickstoff
1960. 39 Seiten, 22 Abb., 2 Tabellen. DM 12,50

HEFT 871
Prof. Dr. phil. Walter Weizel und
Dr. Helmut Herrmann, Institut für Glimmentladungs-
forschung Köln
Betriebsbedingungen einer Glimmentladung in
aggressiven Gasen
1960. 26 Seiten, 14 Abb. DM 14,—

HEFT 872
Prof. Dr. phil. Walter Weizel und
Dipl.-Phys. Herrmann Franke, Institut für theoretische
Physik der Universität Bonn
Untersuchungen an strömenden Stickstoffnach-
leuchtplasmen einer positiven Säule
1960. 53 Seiten, 24 Abb. DM 16,20

HEFT 904
Dr.-Ing. Otto Adam, Forschungsinstitut für Ver-
fahrenstechnik GVT an der Rhein.-Westf. Technischen
Hochschule Aachen
Untersuchung über die Vorgänge in feststoff-
beladenen Gasströmen
1960. 165 Seiten, 86 Abb., 3 Tabellen. DM 48,20

HEFT 926
Prof. Dr.-Ing. Helmut Wolf und
Dr.-Ing. Siegfried Heitz, Institut für theoretische
Geodäsie der Universität Bonn
Zeitliche Schwerkraft-Änderungen in ihrer Be-
deutung für die praktische Gravimetrie
1961. 70 Seiten, 14 Abb. DM 20,20

HEFT 933
Dipl.-Ing. Klaus Stamm, Laboratorium für Ultraschall
an der Rhein.-Westf. Technischen Hochschule Aachen
Die Vernebelung schmelzbarer Festkörper mit
Ultraschall
1960. 24 Seiten, 21 Abb. DM 9,20

HEFT 944
Dipl.-Phys. Günter Waidmann, Gesellschaft zur Förde-
rung der Glimmentladungsforschung e. V., Köln
Nitrierung dünner Stahlschichten mit Hilfe einer
Glimmentladung
1961. 50 Seiten, 31 Abb., 2 Tabellen. DM 16,30

HEFT 975
Prof. Dr. Albert Narath, Institut für angewandte
Photochemie und Filmtechnik der Technischen Universität
Berlin
Über die Herstellung von Kernspuremulsionen
1961. 36 Seiten, 10 Abb., 1 Tabelle. DM 11,50

HEFT 976
Dipl.-Phys. Horst Küppers, Institut für theoretische
Physik der Universität Köln
Die Untersuchung der Ausbreitung von Stoßwellen in Platten auf schlierenoptischem und
spannungsoptischem Wege
1961. 61 Seiten, 77 Abb., 5 Tabellen. DM 44,60

HEFT 983
Prof. Dr.-Ing. Paul Hadlatsch, Aerodynamisches Insti-
tut der Rhein.-Westf. Technischen Hochschule Aachen
Berechnung der Druckwellen in Brennstoff-
einspritzsystemen und in hydraulischen Ventil-
steuerungen
1961. 107 Seiten, 31 Abb., 2 Tabellen. DM 33,90

HEFT 985
Dr. Hans Strack, Gesellschaft zur Förderung der
Glimmentladungsforschung e. V., Köln
Temperaturmessung in Glimmentladungen
1962. 44 Seiten, 18 Abb. DM 14,30

HEFT 986
Dr.-Ing. Jameel Ahmad Khan, Aerodynamisches Insti-
tut der Rhein.-Westf. Technischen Hochschule Aachen
Untersuchungen zur instationären Strömung durch
unstetige Querschnittsänderungen in Druckleitungen von Einspritzsystemen
1961. 76 Seiten, 47 Abb., 1 Tabelle. DM 28,60

HEFT 987
Dr.-Ing. Wilhelm Bosch, Aerodynamisches Institut der
Rhein.-Westf. Technischen Hochschule Aachen
Untersuchungen zur instationären reibenden
Strömung in Druckleitungen von Einspritz-
systemen
1961. 55 Seiten, 37 Abb. DM 20,—

HEFT 988
Dr.-Ing. Werner Wilhelm und Dipl.-Ing. Rudolf Jürgler,
Aerodynamisches Institut der Rhein.-Westf. Technischen
Hochschule Aachen
Nichtstationäre, eindimensionale und reibungsfreie
Gasströmung schwach kompressibler Medien in
Rohren mit einigen unstetigen Querschnitts-
änderungen
1961. 69 Seiten, 17 Abb. DM 21,50

HEFT 989
Dr.-Ing. Werner Wilhelm, Aerodynamisches Institut
der Rhein.-Westf. Technischen Hochschule Aachen
Einfluß der Spülkanalabmessungen auf den La-
dungswechsel kurbelkastengespülter Zweitakt-
Motoren
1961. 99 Seiten, 37 Abb., 16 Tabellen. DM 35,30

HEFT 990
Dr.-Ing. Frieder Voigt, Aerodynamisches Institut der
Rhein.-Westf. Technischen Hochschule Aachen
Vorgänge beim Start einer Überschallströmung
1961. 36 Seiten, 32 Seiten Bildanhang. DM 23,20

HEFT 991
Dipl.-Ing. Werner Preukschat, Aerodynamisches Institut
der Rhein.-Westf. Technischen Hochschule Aachen
Beschreibung eines Druckmeßgerätes, das zur
Messung geringer Druckschwankungen bei hohen
Frequenzen geeignet ist
1961. 22 Seiten, 14 Abb., 2 Tabellen. DM 8,80

HEFT 1001
Dipl.-Phys. Günter Langner, Institut für Elektronen-
mikroskopie an der Medizinischen Akademie Düsseldorf
Direktor : Prof. Dr. med. H. Ruska
Die Informationsübertragung bei der Mikroskopie
mit Röntgenstrahlen
1961. 125 Seiten, 7 Abb. DM 37,—

HEFT 1013
Prof. Dr. phil. Heinrich Lange und
Dr. rer. nat. Karl Heinz Schmidt, Institut für theoreti-
sche Physik der Universität Köln
Theoretische und experimentelle Untersuchung
der Strahlengeometrie bei Texturgonoimetern
1961. 119 Seiten, 52 Abb. DM 38,30

HEFT 1014
Prof. Dr. phil. Heinrich Lange und
Dr.-Ing. Ernst Müller, Institut für theoretische Physik
der Universität Köln
Verfahren zur Bestimmung der Gleich- und
Wechselfeldmagnetisierung kleiner Proben. Unter-
suchungen im System der Nickel-Zink-Ferrite
1961. 89 Seiten, 20 Abb., 34 Tabellen. DM 37,20

HEFT 1034
Dipl.-Phys. Bernd Klüser, Institut für theoretische Physik
der Universität Bonn
Aufteilung der Entladungsenergie auf die Elektronen einer Glimmentladung
1961. 33 Seiten, 21 Abb. DM 12,60

HEFT 1038
Dipl.-Phys. Hasso Wichmann und
Prof. Dr. phil. Walter Weizel, Gesellschaft zur Förde-
rung der Glimmentladungsforschung e. V., Institut Köln
Der Einfluß der Glimmentladung auf die Per-
meation von Gasen durch Metalle
1961. 57 Seiten, 28 Abb., 11 Skizzen, 2 Tabellen.
DM 22,80

HEFT 1062
Dr.-Ing. Heinrich Pfeiffer, Aerodynamisches Institut der
Rhein.-Westf. Technischen Hochschule Aachen
Strömungsuntersuchungen an Kreiszylindern bei
hohen Geschwindigkeiten
1962. 73 Seiten, 53 Abb. DM 26,—

HEFT 1074
Prof. Dr. rer. techn. Fritz Reutter und
Dr. rer. nat. Gerhard Patzelt, Institut für Geometrie
und praktische Mathematik der Rhein.-Westf. Techni-
schen Hochschule Aachen
Mathematische Behandlung einer angenäherten
quasilinearen Potentialgleichung der ebenen kom-
pressiblen Strömung
1962. 87 Seiten, 15 Abb., 10 Tabellen. DM 53,—

HEFT 1080
Prof. Dr.-Ing. Ludolf Engel, Bergakademie Clausthal,
Clausthal-Zellerfeld
Theorie der handgeführten schlagenden Druck-
luftwerkzeuge und experimentelle Untersuchungen
insbesondere an Abbauhämmern im normalen
und abnormalen Betrieb
1962. 86 Seiten, 53 Abb., 4 Tabellen. DM 39,—

HEFT 1098
Dr. Gerhard Albrecht und Prof. Dr. Günter Ecker,
Institut für theoretische Physik der Universität Bonn
Die positive Säule unter dem Einfluß negativer
Ionen
1962. 21 Seiten, 5 Abb. DM 11,80

HEFT 1104
Dr. rer. nat. Rudolf Kohlhaas und
Dipl.-Phys. Martin Braun, Institut für theoretische
Physik der Universität Köln
Die grundlegenden kalorimetrischen Auswerteme-
thoden. Herleitung der thermodynamischen Funk-
tionen des reinen Eisens auf Grund von Messungen
an einem Eisen-Mangan-System nach dem Verfahren der verzögerten Mischkalorimetrie
1962. 109 Seiten, 29 Abb., 3 Zahlentafeln. DM 59,—

HEFT 1105
Prof. Dr. phil. Heinrich Lange und
Dr. rer. nat. Franz Josef In der Smitten, Institut für
theoretische Physik der Universität Köln
Untersuchungen über das magnetische Verhalten
dünner Schichten von γ—Fe^2O^3 bei kurzzeitiger
Feldeinwirkung
1962. 68 Seiten, 29 Abb. DM 30,20

HEFT 1107
Dipl.-Phys. Paul Thomas, Institut für theoretische Physik der Universität Bonn
Leuchtende Schichten im Faradayschen Dunkelraum der Glimmentladung in Brom-Argon-Gemischen
1962. 34 Seiten, 12 Abb., 8 Tabellen. DM 14,80

HEFT 1124
Prof. Dr. Günter Ecker und cand. phys. Walter Kröll, Dipl.-Phys. Oswald Zöller, Institut für theoretische Physik der Universität Bonn
Fehlerabschätzung für Messungen mit magnetischen Sonden
1962. 24 Seiten, 8 Abb., 31 Tabellen. DM 12,—

HEFT 1144
Prof. Dr. phil. Heinz Bittel und Dr. rer. nat. Karl August Hempel, Institut für angewandte Physik der Universität Münster
Untersuchungen zur ferrimagnetischen Resonanz an Ferriten bei 10 und 24 GHz
1963. 27 Seiten, 8 Abb., 3 Tabellen. DM 12,20

HEFT 1163
Prof. Dr. phil. Heinz Bittel, Institut für angewandte Physik der Universität Münster
Untersuchungen über das Rauschen strombelasteter Leiter
1963. 23 Seiten, 1 Abb., 3 Tabellen. DM 11,—

HEFT 1168
Dr. rer. nat. Dipl.-Chem. Max Friedrich, Forschungsstelle für Brandschutztechnik an der Technischen Hochschule Karlsruhe
Untersuchungen über das Verhalten und die Wirkungsweise verschiedener Trockenlöschmittel
1963. 53 Seiten, 22 Abb., 2 Tabellen. DM 24,80

HEFT 1175
Dipl.-Math. Klaus-Dieter Becker und Dr. rer. nat. Erhard Meister, Universität Saarbrücken
Beitrag zur Theorie des Strahlungsfeldes dielektrischer Antennen
1963. 43 Seiten, 4 Abb. DM 29,80

HEFT 1176
Dipl.-Phys. Alexander Wasiljeff, Universität Saarbrücken
Breitbandimpedanzstudien an Ringschlitzantennen im cm-Wellenbereich
1963. 69 Seiten, 57 Abb. DM 45,80

HEFT 1183
Prof. Dr.-Ing. Eduard Pestel, Institut für Mechanik der Technischen Hochschule Hannover
Strömungstechnische Untersuchungen von Staubniederschlagmeßgeräten
1963. 56 Seiten, 52 Abb., 6 Tabellen. DM 29,—

HEFT 1220
Dipl.-Phys. Walter Hermsen und Dr. phil. Friedrich Kuhn, Staatliches Materialprüfungsamt Nordrhein-Westfalen in Dortmund
Leiter: Prof. Dr.-Ing. habil. Wilhelm Bischof
Untersuchungen über die Verhinderung von Randüberstrahlungen in Röntgenbildern durch Vorfilterung der Röntgenstrahlen
1963. 25 Seiten, 14 Abb., 2 Tabellen. DM 13,80

HEFT 1221
Prof. Dr. Günter Ecker und cand. phys. Walter Kröll, Institut für theoretische Physik der Universität Bonn
Erniedrigung der Ionisierungsenergie in einem Plasma *1963. 29 Seiten, 2 Abb. DM 10,—*

HEFT 1270
Dr. Gisela Eckert-Reese, Forschungsinstitut der Gesellschaft zur Förderung der Glimmentladungsforschung e. V., Köln
Direktor: Prof. Dr. G. Schmid
Der Druckverbreiterungseffekt und die IR-spektrographische Analyse von Gasen
1965. 27 Seiten, 21 Abb., 3 Tabellen. DM 22,80

HEFT 1271
Dipl.-Ing. Alfred F. Steinegger, Forschungsinstitut der Gesellschaft zur Förderung der Glimmentladungsforschung e.V., Köln
Die systematische Erfassung von Versuchsergebnissen und Literaturstellen bei der Behandlung von Metalloberflächen
1964. 44 Seiten, 2 Abb. DM 20,—

HEFT 1290
Dr. rer. nat. Wolf-Dietrich Meisel, Rheinisch-Westfälisches Institut für Instrumentelle Mathematik, Bonn
Zur Simulation einer digitalen Integrieranlage mittels eines elektronischen Rechenautomaten
1963. 29 Seiten. DM 9,90

HEFT 1293
Prof. Dr. phil. Heinrich Lange und Dr. rer. nat. Peter Janesch, Institut für theoretische Physik der Universität Köln
Die Magnetostriktion in Abhängigkeit von der Magnetisierung
1964. 68 Seiten, 51 Abb., 2 Tabellen. DM 36,50

HEFT 1308
Dipl.-Math. Heinz Ober-Kassebaum, Rheinisch-Westfälisches Institut für Instrumentelle Mathematik, Bonn
Über die P-Seperation der Schrödlinger-Gleichung und der Laplace-Gleichung in Riemannschen Räumen *1964. 68 Seiten. DM 42,50*

HEFT 1390
Prof. Dr. Rudolf Jaeckel und Dipl.-Phys. Ernst Teloy, Physikalisches Institut der Universität Bonn
Gasaufzehrung durch Anregung metastabiler Zustände *1964. 39 Seiten, 13 Abb. DM 20,—*

HEFT 1400
Dirk Offermann und Ulf von Zahn, Physikalisches Institut der Universität Bonn
Studie über ein Massenfilter zur Anwendung in Raketen und Satelliten
1964. 45 Seiten, 28 Abb., 2 Tabellen. DM 28,—

HEFT 1407
Marcel Beiner, Aus dem Institut für Theoretische Kern-
physik der Universität Bonn
Separationsenergien und mittleres phänomeno-
logisches Potential der Atomkerne
1964. 67 Seiten, 24 Abb. DM 54,—

HEFT 1408
Prof. Dr. Hans Israël, Dozentur für Geophysik und
Meteorologie an der Rhein.-Westf. Technischen Hoch-
schule, Aachen,
Probleme der Gewitterforschung: I. Das Gewitter
in heutiger Sicht
1964. 60 Seiten, 22 Abb. DM 29,50

HEFT 1422
Dr. rer. nat. Dieter Schütte, Institut für theoretische
Kernphysik der Universität Bonn
Eine Erweiterung des Schalenmodells zur Be-
schreibung Alkali-ähnlicher Strukturen
1964. 69 Seiten, 5 Abb. DM 46,—

HEFT 1452
Prof. Dr.-Ing. R. Jaeckel und G. Müschenborn,
Institut für angewandte Physik der Universität Bonn
Untersuchungen der thermischen Entgasung von
Metallen im Ultrahochvakuum mit Hilfe eines
Omegatron-Partialdruckvakuummeters
In Vorbereitung

HEFT 1500
Johannes Kanne, Insitut für Theoretische Physik der Uni-
versität Bonn
Stromdurchgang durch ein Verbrennungsplasma

HEFT 1501
Jorge Garcia, Institut für Theoretische Physik der Uni-
versität Bonn
Die Plasmaströmung entlang einer halbunendlich
ausgedehnten ebenen Wand im transversalen Magnetfeld
In Vorbereitung

HEFT 1518
Dipl.-Phys. Karl-Heinz Lindackers und Dipl.-Phys.
Manfred Tscherner, Technischer Überwachungs-Verein
e. V., Köln
Untersuchung verschiedener Methoden zur Be-
stimmung der Radioaktivität der Luft
In Vorbereitung

HEFT 1542
Prof. Dr. phil. Heinrich Lange, Dr. rer. nat. Siegfried
Müller, Institut für theoretische Physik der Universität
Köln, Abteilung für Metallphysik, Köln
Ferromagnetismus und Atomabstand in Nickel
und Eisen.
In Vorbereitung

HEFT 1547
Dr. Toni Hochmuth, Institut für theoretische Physik
der Universität Bonn
Direktor : Prof. Dr. W. Weizel
Der Batterieeffekt in Hochfrequenzentladungen
In Vorbereitung

HEFT 1548
Dipl.-Ing. Alfred F. Steinegger, Dipl.-Ing. Siegfried
Jentzsch, Forschungsinstitut der Gesellschaft zur Förde-
rung der Glimmentladungsforschung e. V. Köln
Direktor : Prof. Dr. Gerhard Schmid
Der Einfluß der Wasserstoffvorbehandlung auf
das Ionitrieren von Stahl
In Vorbereitung

HEFT 1554
Dr. Hans-Werner Eckert und Dr. Giesela Eckert-
Reese, Forschungsinstitut der Gesellschaft zur Förderung
der Glimmentladungsforschung e. V. Köln
Direktor : Prof. Dr. Gerhard Schmid
Über das Verhalten von Kohlenwasserstoffen in
elektrischen Entladungen
In Vorbereitung

HEFT 1555
Dr. Joachim Kölbel, Forschungsinstitut der Gesellschaft
zur Förderung der Glimmentladungsforschung e. V. Köln
Die Nitridschichtbildung bei der Glimmnitrierung
In Vorbereitung

Verzeichnisse der Forschungsberichte aus folgenden Gebieten können beim Verlag angefordert werden:
Acetylen/Schweißtechnik – Arbeitswissenschaft – Bau/Steine/Erden – Bergbau – Biologie – Chemie – Eisen-
verarbeitende Industrie – Elektrotechnik/Optik – Energiewirtschaft – Fahrzeugbau/Gasmotoren – Farbe/
Papier/Photographie – Fertigung – Funktechnik/Astronomie – Gaswirtschaft – Holzbearbeitung – Hütten-
wesen/Werkstoffkunde – Kunststoffe – Luftfahrt/Flugwissenschaften – Luftreinhaltung – Maschinenbau –
Mathematik – Medizin/Pharmakologie/NE-Metalle – Physik – Rationalisierung – Schall/Ultraschall – Schiff-
fahrt – Textiltechnik/Faserforschung/Wäschereiforschung – Turbinen – Verkehr – Wirtschaftswissenschaft.

WESTDEUTSCHER VERLAG · KÖLN UND OPLADEN
567 Opladen/Rhld., Ophovener Straße 1-3

GPSR Compliance
The European Union's (EU) General Product Safety Regulation (GPSR) is a set
of rules that requires consumer products to be safe and our obligations to
ensure this.

If you have any concerns about our products, you can contact us on

ProductSafety@springernature.com

In case Publisher is established outside the EU, the EU authorized
representative is:

Springer Nature Customer Service Center GmbH
Europaplatz 3
69115 Heidelberg, Germany